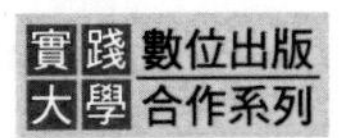

食品分析實驗操作指引

劉麗雲 編著

出版心語

近年來，全球數位出版蓄勢待發，美國從事數位出版的業者超過百家，亞洲數位出版的新勢力也正在起飛，諸如日本、中國大陸都方興未艾，而臺灣卻被視為數位出版的處女地，有極大的開發拓展空間。植基於此，本組自民國 93 年 9 月起，即醞釀規劃以數位出版模式，協助本校專任教師致力於學術出版，以激勵本校研究風氣，提昇教學品質及學術水準。

在規劃初期，調查得知秀威資訊科技股份有限公司是採行數位印刷模式並做數位少量隨需出版〔POD＝Print on Demand〕(含編印銷售發行)的科技公司，亦為中華民國政府出版品正式授權的 POD 數位處理中心，尤其該公司可提供「免費學術出版」形式，相當符合本組推展數位出版的立意。隨即與秀威公司密集接洽，雙方就數位出版服務要點、數位出版申請作業流程、出版發行合約書以及出版合作備忘錄等相關事宜逐一審慎研擬，歷時 9 個月，至民國 94 年 6 月始告順利簽核公布。

執行迄今，承蒙本校謝董事長孟雄、陳校長振貴、黃教務長博怡、藍教授秀璋以及秀威公司宋總經理政坤等多位長官給予本組全力的支持與指導，本校諸多教師亦身體力行，主動提供學術專著委由本組協助數位出版，數量達50本，在此一併致上最誠摯的謝意。諸般溫馨滿溢，將是挹注本組持續推展數位出版的最大動力。

本出版團隊由葉立誠組長、王雯珊老師、賴怡勳老師三人為組合，以極其有限的人力，充分發揮高效能的團隊精神，合作無間，各司統籌策劃、協商研擬、視覺設計等職掌，在精益求精的前提下，至望弘揚本校實踐大學的校譽，具體落實出版機能。

實踐大學教務處出版組　謹識

2013年3月

自序

食品分析對任何人都是重要的，專業人員必須具備精準無偏差的分析能力，非專業人員則要靠相關的分析資料瞭解所食用的食品的品質及其衛生安全狀況，有鑑於此，有須加強從事分析檢驗人員之專業能力。

本書兼具理論與實務，全書分為單位換算與溶液配製、食品微生物測試、食品成分檢測、食品品質檢測及食品添加物檢測等五個部份，共 23 節，除原理、步驟外，更有詳細的圖解與計算演練，感謝所有編著者及協助拍攝相關圖解照片的林亞葶、李佩芪、張雅嵐、張雅鈞、劉怡君、陳韻竹、黃瀚萱及吳佳芫等實踐大學同學，使本書更具實用性，期望對所有初學者及準備報考食品分析與檢驗技術士技能檢定考試者，有所幫助。編者雖竭盡心智撰校，疏漏難免，期盼賢達前輩不吝斧正是幸。

劉麗雲　謹識

中華民國 102 年 7 月 10 日

目次

第一章　單位換算與溶液配製

工欲善其事，必先利其器。在進行任何項目之檢驗或分析前，除必須對於物質之體積、質量、長度及濃度等相關單位有所認知，更須瞭解其之間的關係以及配製成溶液之濃度表示方法。本章擬就各單位之換算，如表一，溶液稀釋及鹽類溶液、鹼性溶液與酸性溶液之配製及標定等列舉範例，並運算配製出精確濃度的溶液。同時將常用的濃度表示方法，列舉如表二。

表一　度量衡單位之換算

度量衡	單位	換算
長度	Km	Km = 10^3 m = 10^5 cm =10^6 mm = 10^9 μm = 10^{12} nm
	m	m = 10^2 cm = 10^3 mm = 10^6 μm = 10^9 nm
	cm	cm = 10 mm
	mm	mm = 10^{-1} cm = 10^{-3} m = 10^{-6} km
質量	kg	kg = 10^3 g = 10^6 mg = 10^9 μg = 10^{12} ng
	g	g = 10^3 mg =10^6 μg = 10^9 ng
	mg	mg = 10^3 μg = 10^6 ng
	μg	μg = 10^3 ng
	ng	ng = 10^{-3} μg = 10^{-6} mg = 10^{-9} g = 10^{-12} kg
體積	L	L = 10 dL = 10^3 mL =10^6 μL
	dL	dL = 10^2 mL = 10^5 μL
	mL	mL = 10^3 μL
	μL	μL = 10^{-3} mL = 10^{-5} dL = 10^{-6} L

表二　常用的濃度表示法

濃度	單位	定義
重量百分率濃度	%	100 克溶液中所含溶質之克數
重量百萬分數濃度	ppm	100 萬克溶液中所含溶質之克數
莫耳濃度	M	1L 溶液中所含溶質之莫耳數
當量濃度	N	1L 溶液中所含溶質之當量數
溶解度	%	100 克溶劑所能溶解之溶質的克數

第一節　單位換算及溶液稀釋

由表一知各度量衡單位之關係，應將之應用於各單位之運算及溶液之稀釋，在溶液稀釋過程中更應注意酸的稀釋方法，務必將定量的酸倒入預先準備好的蒸餾水中，最後再將之定容成一定量，使稀釋溶液之當量數或莫耳數相等於用以稀釋之原液的當量數或莫耳數（即 $NV = N'V'$ 或 $MV = M'V'$）。

範例一　完成下列表格

甲、250 mL = ___①___ L = ___②___ dL = ___③___ μL
乙、0.75 kg = ___④___ g = ___⑤___ mg = ___⑥___ ng
丙、8.2 km = ___⑦___ m = ___⑧___ cm = ___⑨___ nm

Ans：① 2.5×10^{-1}　② 2.5　③ 2.5×10^{5}
④ 7.5×10^{2}　⑤ 7.5×10^{5}　⑥ 7.5×10^{11}
⑦ 8.2×10^{3}　⑧ 8.2×10^{5}　⑨ 8.2×10^{12}

附錄一　國際原子量表

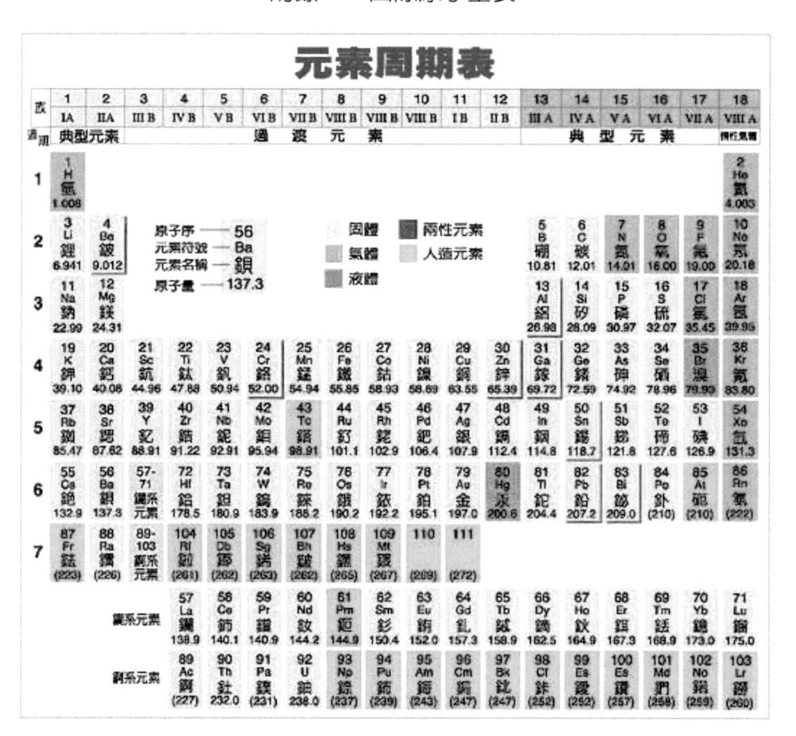

附錄二　實驗室常用液體藥品基本資料

藥品	分子量	克分子量（g）	克當量（g）	mole/L	wt%	比重
冰醋酸	60.05	60.05	60.05	17.40	99.50	1.05
醋酸	60.05	60.05	60.05	6.27	36.00	1.05
鹽酸	36.50	36.50	36.50	11.60	36.00	1.18
硝酸	63.02	63.02	63.02	16.00	71.00	1.42
硫酸	98.10	98.10	49.00	18.00	96.00	1.84
磷酸	98.00	98.00	32.70	14.70	85.00	1.70
乳酸	90.00	90.00	90.00	11.30	85.00	1.20

附錄三　實驗室常用固體藥品基本資料

藥品	分子量	克分子量（g）	克當量（g）	1M 濃度（g/L）	1N 濃度（g/L）
NaOH	40.00	40.00	40.00	40.00	40.00
KOH	56.11	56.11	56.11	56.11	56.11
$Ba(OH)_2 \cdot 8H_2O$	315.48	315.48	157.74	315.48	157.74
Na_2CO_3	106.00	106.00	53.00	106.00	53.00
NaCl	58.44	58.44	58.44	58.44	58.44
$KMnO_4$	158.04	158.04	31.61 酸性(5)	158.04	31.61
			52.68 鹼性(3)	158.04	52.68
$K_2Cr_2O_7$	294.2	294.2	49.03 酸性(6)	294.2	49.03
			73.6 鹼性(4)	294.2	73.6

第二節　鹽類溶液配製及標定

過錳酸鉀、重鉻酸鉀、硫代硫酸鈉等三種化合物為一般實驗室常用的氧化劑，利用這些氧化劑本身易還原，並使與之反應之化合物氧化，造成原子價數之變化，形成不同顏色，或藉助於指示劑得以判斷滴定反應之終點，在進行氧化還原滴定前，須能準確配製各鹽類溶液，並作適當標定，茲分述於次。

一、過錳酸鉀溶液之配製及標定

試配製 0.1N $KMnO_4$ 標準溶液 250 mL

(一) 過錳酸鉀（分子量=158）是一種有光澤的紫紅色柱狀結晶，其當量須視錳之還原程度而定，一般以硫酸酸性使用，還原至 Mn^{2+} 以 0.2 莫耳當量發生作用，即其 1 克當量= $\frac{KMnO_4\text{克分子量}}{5} = \frac{158}{5} = 31.6$。

(二) 故 0.1N $KMnO_4$，可稱取 0.79g $KMnO_4$ 將其配成 250 mL，因 0.1N $KMnO_4$ 250 mL 含 $KMnO_4$ = 0.1x0.25 = 0.025 克當量，$KMnO_4$ 在酸性溶液 1 克當量為 31.6 克，0.025 克當量為 31.6 × 0.025 = 0.79 g，故可稱取 0.79g $KMnO_4$。

(三) 以 0.1 N 草酸鈉標準溶液標定

二、重鉻酸溶液之配製

試配製 0.1N $K_2Cr_2O_7$ 標準溶液 1 L

(一) $K_2Cr_2O_7$（分子量=294.2）是一種美麗的柱狀或板狀結晶，20℃ 100 克水可溶 12.4 g，100℃時可溶 94.1 g，為酸性溶液會使石蕊試紙變紅，通常當作氧化劑使用，其 1 莫耳相當於 4～6 當量，即 1 克當量通常為 73.6 g 或 49.03 g，因重鉻酸鉀之溶解特性，可以從熱水精製成純品，故通常不需再標定，反而可用以標定 $Na_2S_2O_7$ 溶液。

(二) 故 0.1N $K_2Cr_2O_7$ 1 L 可先將 $K_2Cr_2O_7$ 烘乾後精確稱取 4.9033 g 入三角燒瓶，加蒸餾水溶解，再移入定量瓶定容至 1L。

三、硫代硫酸鈉溶液之配製及標定

試配製 0.1N $Na_2S_2O_3 \cdot 5H_2O$ 標準溶液 500 mL

(一) 硫代硫酸鈉是一種無色無臭的柱狀或針狀結晶，於 45～50℃溶於結晶水，市售品常含有微量氯化物、硫酸鹽等雜質，如在水溶液中再結晶，則可去除。此種在水溶液中結晶的 $Na_2S_2O_7$，具有 5 分子結晶水，不溶於酒精，可溶於水呈中性或微鹼性。當還原劑時在中性或酸性溶液中，其克分子數=克當量數。

(二) 因 $Na_2S_2O_3 \cdot 5H_2O$ 之克當量與克分子量相當，故 0.1N 的 $Na_2S_2O_3 \cdot 5H_2O$ 如要配成 500 mL，需含 0.1×0.5 克當量的 $Na_2S_2O_3 \cdot 5H_2O$，相當於 $248.2 \times 0.1 \times 0.5 = 12.41$ g，取純 $Na_2S_2O_3 \cdot 5H_2O$ 12.41 g 與磷酸鈉 0.1 g 溶於 500 mL 水煮沸放冷，靜置一天後予以標定。

(三) 通常可使用 $KMnO_4$ 或 $K_2Cr_2O_7$ 標定

如以 $KMnO_4$ 溶液標定，須將 100mL 水加於一定量（25mL）0.1N 過錳酸鉀溶液中，再取碘化鉀約 2 g，混合於約 30mL 水與 20% 硫酸 100mL 之混合液中，使其混合均勻，再進行標定。以澱粉當指示劑，將 $Na_2S_2O_3$ 滴下於該過錳酸鉀混合溶液中，在略呈淡黃色終點附近，加澱粉指示劑 1mL 繼續滴定至青藍色消失為終點。

範例二　完成下列表格

甲、5M HNO_3 ___①___mL 可配製 1M HNO_3 2L
乙、10M HCl 1L 可配製 4M HCl___②___L，5M HCl___③___L
丙、106g Na_2CO_3 配成 1L，其濃度為___④___ M，___⑤___N
丁、158.04g $KMnO_4$ 以酸性溶液配成 2L，其濃度為___⑥___M，___⑦___N
〈Hint：$KMnO_4$ 在酸性溶液 1 克分子=5 克當量，K= 39、O=16、Mn=55〉
戊、56.11g 的 KOH 配成 2L，其濃度為___⑧___N，___⑨___%
〈Hint：設 KOH 溶液比重為 1〉

Ans：① 400　② 2.5　③ 2　④ 1　⑤ 2
⑥ 0.5　⑦ 2.5　⑧ 0.5　⑨ 2.81

第三節　標準鹼溶液的配製與標定

鹼性溶液是一般分析實驗室經常會使用的藥品溶液，其濃度依實驗所需加以配製並以已知濃度之標準酸標定，利用酸鹼中和原理；當達中和點時兩者的當量數相等，由 $NV = \frac{W}{E}$，可算出鹼性溶液之精確濃度，然需先依 0.1N NaOH 溶液可能消耗之體積換算所需之標定劑（KHP）用量，假設 0.1N NaOH 用量為 20 mL，則 KHP 所需秤取的重量，依計算公式 NV = W/E，$W = EVN = 204 \times 20 \times 10^{-3} \times 0.1 = 0.4084$ g，精確秤取 KHP 並紀錄其重量（需三重複），再分別以 0.1N NaOH 滴定，至當量終點（終點顏色為淡紅色），並分別紀錄其消耗量，再由 NV（鹼）= W/E（KHP，酸），計算 NaOH 之精確濃度。本實驗介紹氫氧化鈉標準鹼溶液之配製方法，並由已知當量數之鄰苯二甲酸氫鉀溶液加以標定，以求出氫氧化鈉之精確濃度，茲簡單介紹本試驗方法於下。

一、步驟

1. 根據分子量 NaOH=40，$C_6H_4COOKCOOH$=204.23，用電子天平稱出需用量。
2. 取 500 mL 定量瓶及不含 CO_2 之蒸餾水，立即配製 0.1N NaOH 溶液 500 毫升，充分混合後，貯存於有橡皮塞之玻璃瓶中以待標定。
3. 精確秤取標定劑鄰苯二甲酸氫鉀三份，分別放入 250 毫升之三角瓶中，以不含 CO_2 之蒸餾水約 50 毫升，分別溶解各個試樣，並加入 2～3 滴之指示劑。
4. 以待標定之 NaOH 溶液，滴定已溶解之標定劑，計算出三次結果的平均值，並求出標準鹼溶液之精確濃度。

二、圖解

1. 配製 0.1N NaOH 溶液 500 mL

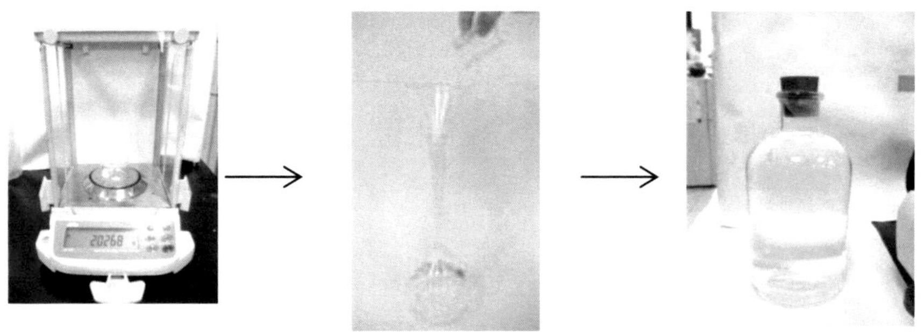

使用稱量瓶稱取 NaOH 2gm → 以蒸餾水溶解後倒入 500 mL 定量瓶中 → 移至有橡皮塞的玻璃瓶以待標定

2. 配製三份標定劑（$C_6H_4COOKCOOH$）

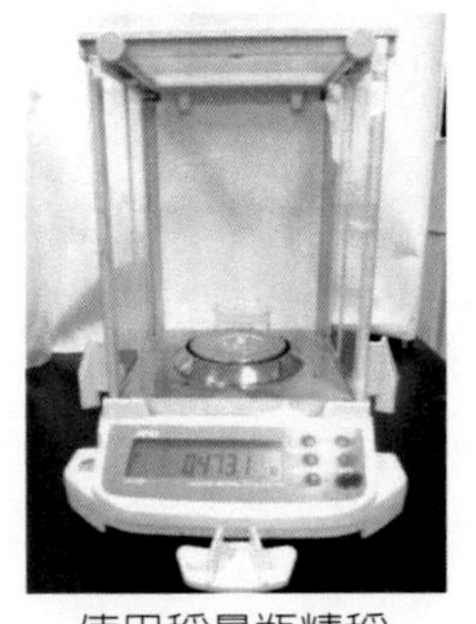

使用稱量瓶精稱
$C_6H_4COOKCOOH$（約 0.4g）
（三重複）

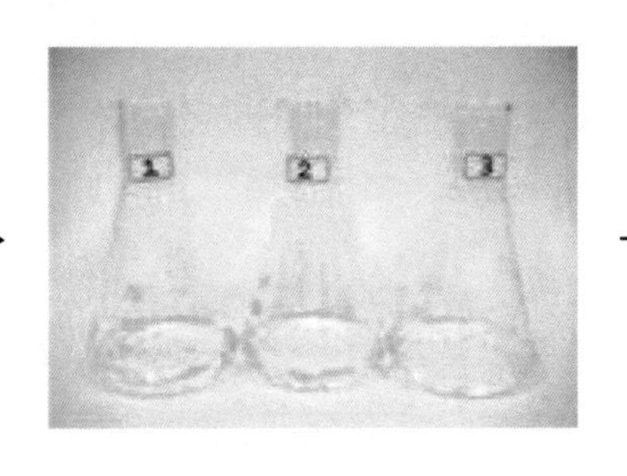

將稱量瓶中的 KHP 分別移入
250 mL 燒瓶以不含 CO_2 蒸餾水
50 mL 溶解。

各滴入 2～3 滴的
1%酚酞指示劑

3. 滴定

以 0.1N NaOH
滴定 KHP

觀察滴定終點
左：滴定後　右：滴定前

三、結果

1. 秤量藥品：

(1) NaOH：（總重 29.0517 克）－（容器重 27.0479 克）＝淨重 2.0038 克）

(2) $C_6H_4COOK\ COOH$：

S_1：（總重 15.7545 克）－（容器重 15.3462 克）＝（淨重 0.4083 克）

S_2：（總重 27.6212 克）－（容器重 27.2116 克）＝（淨重 0.4096 克）

S_3：（總重 16.3196 克）－（容器重 15.9095 克）＝（淨重 0.4101 克）

2. 濃度標定值

（N_{NaOH} 請先列出計算式再個別計算其濃度標定值，最後求其三次平均值）

依 $\frac{W}{E}=VN$，$N=\frac{W}{VE}=\frac{W}{V(mL)\times\frac{1L}{1000\ mL}\times E}=\frac{W}{\frac{V}{1000}\times E}=\frac{W}{E}\times\frac{1000}{V}$

$$\frac{1000}{V}\times\frac{W}{E}=N_{NaOH}$$

N：當量濃度

W：標定劑重量

V：NaOH 溶液體積（L）

E：標定劑之克當量

$N_{1,\ NaOH}=\frac{0.4083}{204.23}\times\frac{1000}{19.9}=0.1005$ （設 V_1＝19.9 mL）

$N_{2,\ NaOH}=\frac{0.4096}{204.23}\times\frac{1000}{19.9}=0.1008$ （設 V_2＝19.9 mL）

$N_{3,\ NaOH}=\frac{0.4101}{204.23}\times\frac{1000}{19.8}=0.1014$ （設 V_3＝19.8 mL）

N_{NaOH} 平均值＝0.1009

四、實驗藥品

項次	內容	數量
1	氫氧化鈉（固態試藥級 NaOH）	10 g
2	鄰苯二甲酸氫鉀（$C_6H_4COOKCOOH$）	5 g
3	1%酚酞溶液	20 mL
4	蒸餾水（不含 CO_2）	500 mL

五、實驗器材

項次	內容	數量
1	電子天平（靈敏度 0.1 毫克）	1 台
2	定量瓶（500 毫升）	1 個
3	三角燒瓶（250 毫升）	3 個
4	稱量瓶（20 毫升）	4 個
5	燒杯（250 毫升）	3 個
6	燒杯（500 毫升）盛裝蒸餾水	1 個
7	滴定管（50 毫升）	1 支
8	滴定管架	1 台
9	玻璃小漏斗（5 cm 直徑）	1 個
10	試藥瓶（500 毫升，細口瓶）	1 個
11	橡皮塞	1 個
12	稱藥紙	若干
13	洗滌瓶	1 個
14	藥匙	2 支
15	稱量瓶夾	1 個
16	玻棒	1 支
17	塑膠滴管	2 支
18	標籤紙	若干
19	量筒（50 毫升）	1 支

第四節　標準酸溶液的配製與標定

標準酸溶液為實驗室常備的試液，由於試驗目的不同所用的濃度不一，須經一定稀釋倍數才能符合所需，由於稀釋過程中所使用的原液純度不一，常導致不易配製得非常精準，故要經過標定才能確定其正確濃度，無論酸溶液或鹼溶液的標定均利用酸鹼中和原理，當達中和點時兩者之當量數相等，依 $NV = \frac{W}{E}$，以已知當量數之鹼，進行酸鹼滴定，記錄酸的滴定量依公式可換算求得酸的精確濃度。

本實驗由已知濃度的濃鹽酸（12N）配製 0.1N HCl 500 mL，並以碳酸鈉標定，其反應方程式如下：

$$Na_2CO_3 + 2HCl \longrightarrow 2NaCl + H_2CO_3$$

因碳酸鈉水溶液為弱鹼性，當與強酸性鹽酸作用後，其中和點為弱酸性，其適用之指示劑變色範圍在 pH 3～4，可選用甲基橙。茲簡單介紹其試驗方法於下。

一、步驟

1. 根據濃鹽酸（12N，比重為 1.19，37% HCl）分子量 HCl＝36.5、無水碳酸鈉分子量 Na_2CO_3=106，分別以吸量管及電子天平精確量取需用量。
2. 取定量瓶及蒸餾水，配製 0.1N HCl 溶液 500 毫升，充分振盪混合均勻後，貯存於有玻璃塞之細口瓶中以待標定。
3. 精確稱取標定劑（無水碳酸鈉）三份，分別移入 250 毫升之三角瓶中，各加入 100 毫升蒸餾水，微熱，使之完全溶解，滴加 2～3 滴指示劑。
4. 以待標定之 HCl 溶液滴定於已溶解之標定劑中並不停攪拌，滴至溶液呈淡紅色後，將三角瓶放在電熱板上緩緩加熱煮沸 1 分鐘，以驅除 CO_2，將溶液冷卻，再以待標定之 HCl 溶液滴定至終點。（Hint：在酸鹼中和當 pH 3～4 時，指示劑為紅色，係因 HCO_3^- 存在之故。）
5. 計算出三次滴定結果的平均值，並求出標準 HCl 溶液之精確濃度。

備註：需先依 0.1N HCl 溶液可能消耗之體積換算所需之標定劑用量，假設 0.1N HCl 用量為 20 mL，則所需秤取的 Na_2CO_3 重量，依計算公式 NV = W/E，$W = EVN = 106/2 \times 20 \times 10^{-3} \times 0.1 = 0.106$ g，精確秤取 Na_2CO_3 並紀錄其重量（需三重複），再分別以 0.1N HCl 滴定，至當量終點（終點顏色為淡橘紅色），並分別紀錄其消耗量，再由 NV（酸）= W/E（Na_2CO_3，鹼），計算 HCl 之精確濃度。

二、圖解

1. 配製 0.1N HCl 溶液 500 mL

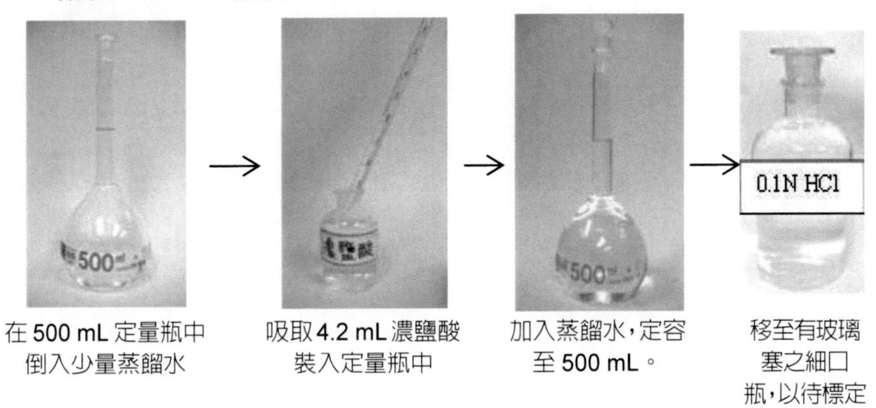

在 500 mL 定量瓶中倒入少量蒸餾水 → 吸取 4.2 mL 濃鹽酸裝入定量瓶中 → 加入蒸餾水，定容至 500 mL。 → 移至有玻璃塞之細口瓶，以待標定

2. 配製三份標定劑（無水碳酸鈉）

使用秤量瓶，精稱 Na_2CO_3 0.1gm（三重複）。 → 將 Na_2CO_3 分別移入 250 mL 三角瓶中各加入 100 mL 蒸餾水。

3. 滴定

三角燒瓶各滴入 2～3 滴的甲基橙指示劑

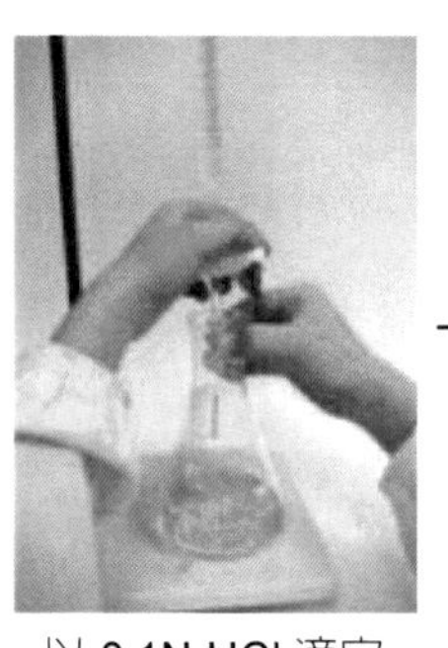

以 0.1N HCl 滴定 Na_2CO_3 溶液

→

待滴定顏色呈現淡紅色將三角瓶放在電熱板上加熱 1 分鐘，以去除 CO_2。

→

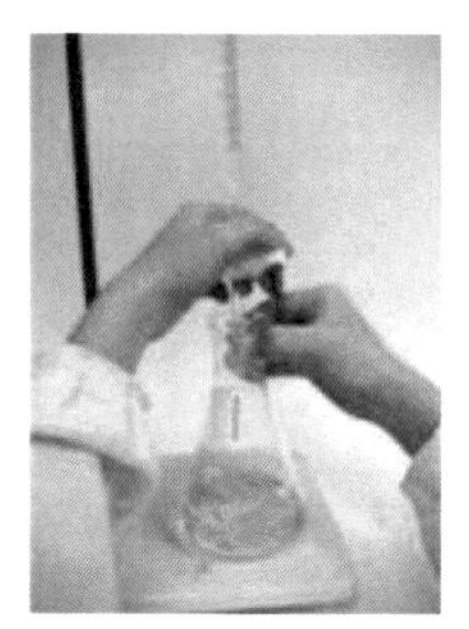

再以 0.1N HCl 滴定至終點（淡橘紅色）

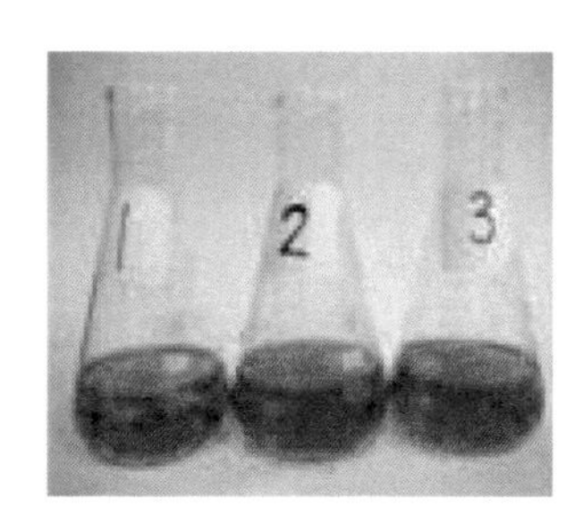

三、結果

1. 秤量藥品：

(1) HCl（濃）：<u>4.2 </u>毫升

(2) 無水 Na_2CO_3：

S_1：（總重 26.6722 克）－（容器重 26.5690 克）＝（淨重 0.1032 克）

S_2：（總重 25.8120 克）－（容器重 25.7103 克）＝（淨重 0.1017 克）

S_3：（總重 27.8538 克）－（容器重 27.7511 克）＝（淨重 0.1027 克）

2. 濃度標定值：

（N_{HCl} 請先列出計算式再個別計算其濃度標定值，最後求其三次平均值。）

依 $\frac{W}{E}=VN$，$N=\frac{W}{VE}=\frac{W}{V(mL)\times\frac{1L}{1000\ mL}\times E}=\frac{W}{\frac{V}{1000}\times E}=\frac{W}{E}\times\frac{1000}{V}$

N：當量濃度

W：標定劑重量

V：HCl 溶液體積（L）

E：標定劑克當量

$$N_{HCl}=\frac{Na_2CO_3\text{重量}}{Na_2CO_3\text{克當量}}\times\frac{1000}{mL\quad HCl}$$

$$N_{1,HCl}=\frac{0.1032}{53}\times\frac{1000}{21}=0.0928 \qquad (\text{設 } V_1=\underline{21}\ mL)$$

$$N_{2,HCl}=\frac{0.1017}{53}\times\frac{1000}{20.5}=0.0936 \qquad (\text{設 } V_2=\underline{20.5}\ mL)$$

$$N_{3,HCl}=\frac{0.1027}{53}\times\frac{1000}{20.6}=0.0941 \qquad (\text{設 } V_3=\underline{20.6}\ mL)$$

N_{HCl} 平均值＝$\underline{0.0935}$

四、實驗藥品

項次	內容	數量
1	鹽酸溶液（12N，比重為 1.19，37%HCl）	20 mL
2	無水碳酸鈉	5 g
3	甲基橙（methyl orange）	50 mL
4	蒸餾水	1 L

五、實驗器材

項次	內容	數量
1	電子天平（靈敏度 0.1 毫克）	1 台
2	定量瓶（500 毫升）	1 個
3	三角燒瓶（250 毫升）	3 個
4	稱量瓶（20 毫升）	3 個
5	燒杯（250 毫升）	3 個
6	燒杯（500 毫升）盛裝蒸餾水	1 個
7	吸管（5 毫升，刻度 0.1 毫升）	1 支
8	滴定管（50 毫升）	1 支
9	滴定管架	1 台
10	玻璃小漏斗（5 cm 直徑）	1 個
11	試藥瓶（500 毫升，細口瓶，附玻蓋）	1 個
12	稱量瓶夾	1 支
13	稱量紙	若干

14	洗滌瓶	1 個
15	藥匙	1 支
16	量筒（100 mL）	1 支
17	塑膠滴管	1 支
18	電熱板（或其它加熱設備）	1 台
19	標籤紙	若干
20	玻棒	1 支
21	防熱手套	1 隻

第二章　食品微生物檢測

由食品藥物管理署歷年食品中毒之統計資料知，在已知中毒之致病物質約有 50 %以上為食品微生物所造成，應與台灣地處亞熱帶，氣溫、濕度皆適合微生物生長有關，為預防食品中毒必須注意衛生安全，從農場到餐桌所有與食品有接觸之處理過程都必須注意良好的衛生規範，為瞭解食品之衛生品質、食品品管人員或衛生管理人員必須製訂相關之規範，微生物檢測之規範自為重要工作之一，食品的衛生指標菌為大腸桿菌群及大腸桿菌，必要時亦檢測其生菌數。如可疑含大腸桿菌，需進一步檢測其生化反應及作鏡檢測試，因此本章針對食品生菌數、大腸桿菌群最確數、大腸桿菌 IMViC 試驗及革蘭氏染色等四項一一加以介紹。

第一節　食品中生菌數檢測

食品中的生菌數是代表汙染在食品的活菌數目，其數目愈多表示食品受汙染程度愈高，愈不安全。對廠商而言，瞭解食品中的生菌數除了可發現問題即時改善，做為製造良好品質產品所需加熱處理時間及溫度之依據外，尚可預估產品保存期效，故此項檢測對食品業者而言，極為重要。生菌數的檢測方法有快速測定法及中國國家標準（CNS）測定法，快速測定法雖具操作簡單、省時、快速之優點，但須定期以中國國家標準檢驗法做比對，尤其是當要對產品是否符合食品衛生標準作判斷時，中國國家標準檢驗法則突顯其重要性，茲以牛乳檢體為例介紹中國國家標準檢測流程如下。

一、步驟

先準備經滅菌之培養皿 6 個及內裝 9 毫升生理食鹽水之螺帽試管 3 支，並分別標示稀釋倍數。並依下列步驟進行：

1. 牛乳檢體搖勻後，以滅菌吸管取 1 毫升至第一支內裝 9 毫升已滅菌之生理食鹽水之試管中，振搖均勻，即為 10 倍稀釋檢液。
2. 由 10 倍稀釋檢液，以另支滅菌吸管取 1 毫升，分別置於二個培養皿 a 及 b 中。

   再取 1 毫升至第二支內含 9 毫升已滅菌之生理食鹽水之試管中，振搖均勻，即 100 倍稀釋檢液。
3. 由 100 倍稀釋檢液，以另支滅菌吸管取 1 毫升，分別置於二個培養皿 a 及 b 中。

   再取 1 毫升至第二支內含 9 毫升已滅菌之生理食鹽水之試管中，振搖均勻，即為 1000 倍稀釋檢液。
4. 由 1000 倍稀釋檢液，以另支滅菌吸管取 1 毫升，分別置於二個培養皿 a 及 b 中。
5. 於含有 10 倍、100 倍、1000 倍之稀釋檢液之培養皿中，各倒入 15～20 毫升培養基（45～50℃），旋轉混合均勻，俟凝固後倒置於 35℃ 培養箱中培養。
6. 培養結果請填入報告表。

二、圖解

(一) 無菌操作臺之準備

(1) 操作臺玻璃門打開噴灑 75 %酒精

(2) 將已滅菌之器材（如：帶蓋三角錐瓶、剪刀、均質機、帶蓋試管、培養皿、天平、裝吸量管之不鏽鋼筒、安全吸球）及稀釋液置操作台上，關上玻璃門。

(3) 打開紫外燈，隔夜。

(二) 滅菌

(1) 培養皿：玻璃製培養皿入不鏽鋼筒，以烘箱滅菌（170℃，1 小時），塑膠皿則直接入無菌操作臺

(2) 吸量管：入不鏽鋼筒，尖端向下，以烘箱滅菌（170℃，1 小時）

(3) 稀釋用無菌水：配製 0.85%生理食鹽水，入殺菌釜（121℃，15 分鐘）滅菌

(4) 有蓋試管 3 支分別標上 10^1、10^2、10^3，各別注入 9 mL 稀釋液，入殺菌釜（121℃，15 分鐘）滅菌

(5) 培養基滅菌：以三角燒瓶將 PCA 依說明配成一定濃度，加熱使溶解後入殺菌釜（121℃，15 分鐘）滅菌，取出置 45℃恆溫槽中

(三) 檢體前處理及生菌培養

手部洗淨並噴灑 75 %酒精，打開無菌操作臺玻璃門，進行前處理

1. 檢體處理

(1) 固體檢體

秤 10 g 檢體切碎入 90 mL 無菌稀釋液以果汁機攪拌均勻（不可超過兩分鐘），做成 10 倍的稀釋檢液。

(2) 液態檢體

液態檢體混勻，取 10 mL 入 90 mL 無菌稀釋液混勻做成 10 倍的稀釋液。

(3) 冷凍檢體

冷凍檢體解凍（2～5℃約八小時）後如檢體為固態則依①的方法處理，如為液態則依②的方法處理

(4) 凝態及濃稠液態檢體如布丁、煉乳……等，經適當攪拌後，取 10 g 入 90 mL 無菌稀釋液，做成 10 倍稀釋檢液

2. 檢液稀釋

※茲以鮮奶為例圖解其處理過程

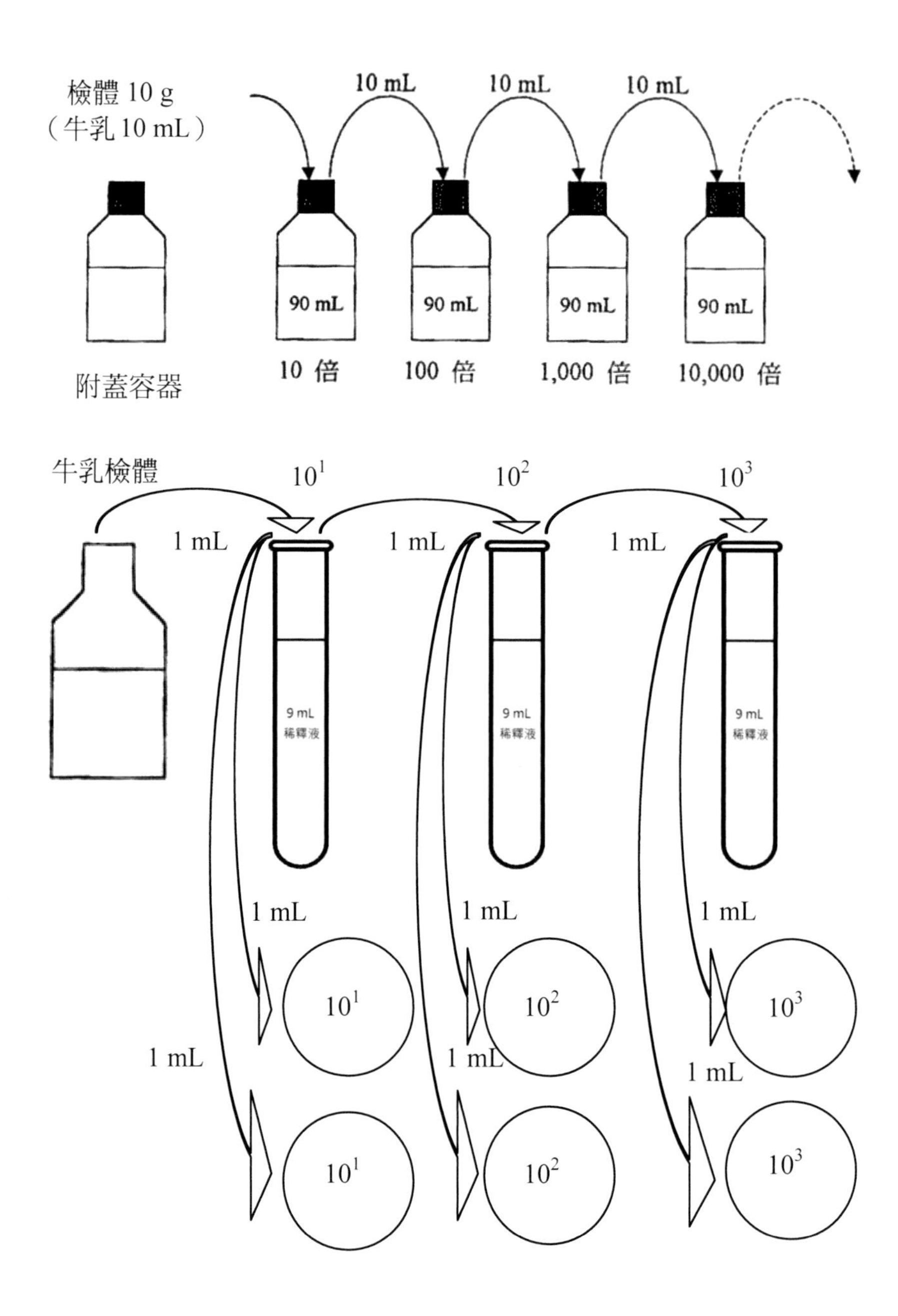
檢體 10 g
（牛乳 10 mL）
10 mL
10 mL
10 mL
90 mL
90 mL
90 mL
90 mL
附蓋容器
10 倍
100 倍
1,000 倍
10,000 倍
牛乳檢體
10^1
10^2
10^3
1 mL
1 mL
1 mL
9 mL
稀釋液
9 mL
稀釋液
9 mL
稀釋液
1 mL
1 mL
1 mL
10^1
10^2
10^3
1 mL
1 mL
1 mL
10^1
10^2
10^3

(1) 將已入1 mL各稀釋檢液之培養皿，分別倒入培養基搖勻

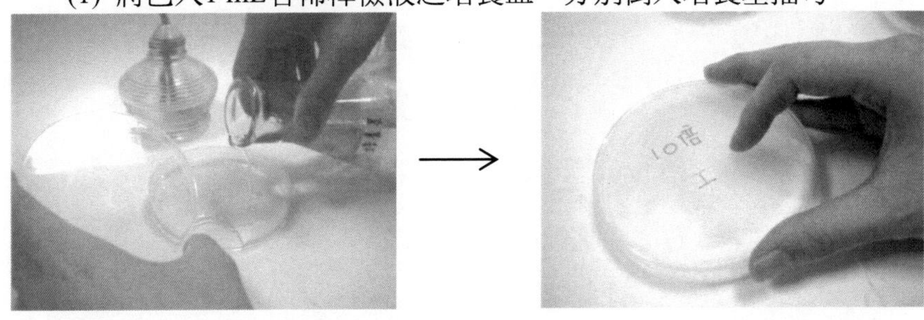

(2) 凝固後入培養箱

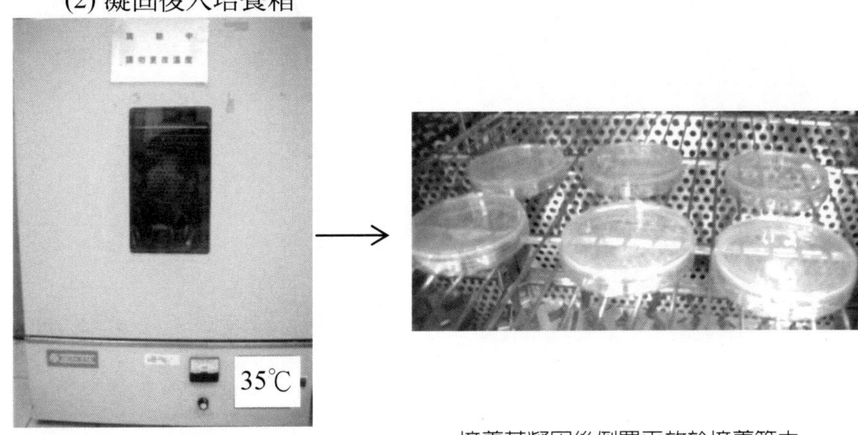

培養基凝固後倒置平放於培養箱中
培養1～2天後，觀察結果

三、實驗結果

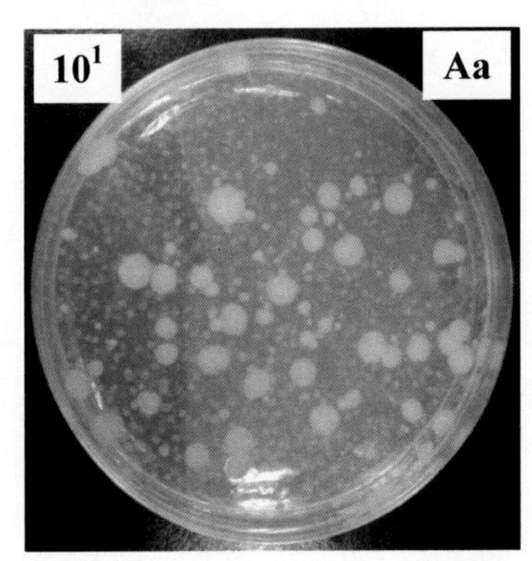

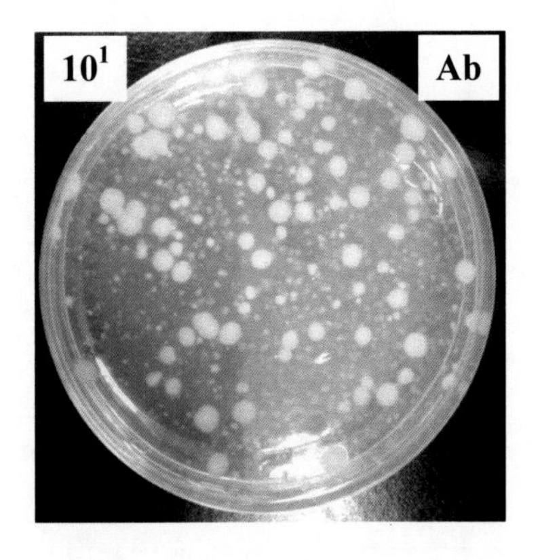

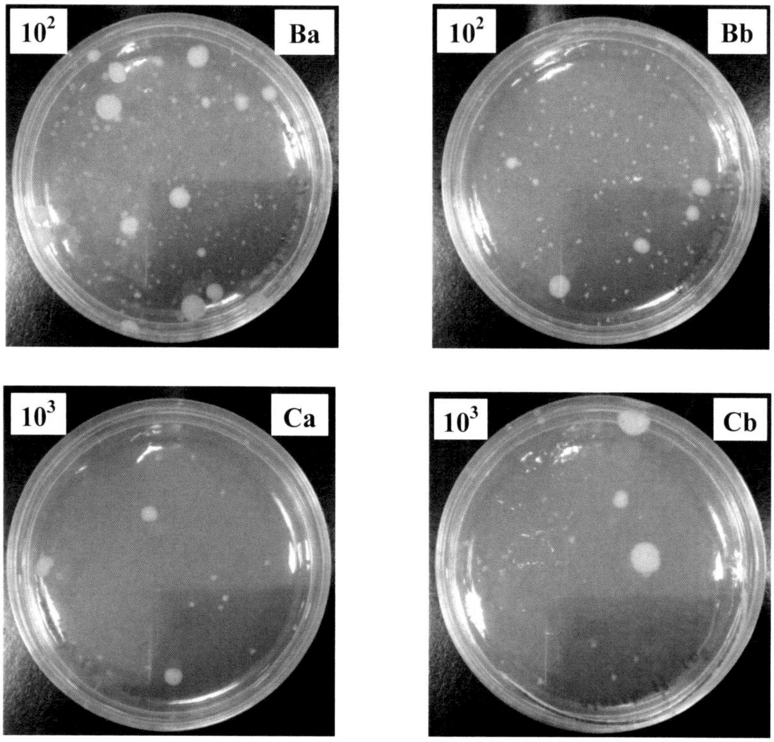

10^2 Ba　10^2 Bb

10^3 Ca　10^3 Cb

四、計算

計算公式：

生菌數：$\frac{Aa+Ab}{2}\times A$ 或 $\frac{Ba+Bb}{2}\times B$ 或 $\frac{Ca+Cb}{2}\times C$

或生菌數：$\frac{\frac{Aa+Ab}{2}\times A+\frac{Ba+Bb}{2}\times B}{2}$ 或 $\frac{\frac{Ba+Bb}{2}\times B+\frac{Ca+Cb}{2}\times C}{2}$

依實驗結果因只有 Ba 及 Bb 之菌數在 25～250 之間，故代入公式：

$\frac{Ba+Bb}{2}\times B$

如實驗結果，10^1 的生菌數因大於 250，及 10^3 的菌數因小於 25，故取 10^2 的培養皿計算

$$\frac{(63+78)}{2}\times 100 = 7050\ \text{CFU/mL} = 7.1\times 10^3\ \text{CFU/mL}$$

五、實驗藥品

項次	內容	數量
1	牛乳	50 mL
2	生菌數培養基（Total plate count agar），已配製，裝於 300 mL 三角瓶中，並經滅菌，置水浴（45~50℃）中保溫。	150 mL
3	已滅菌之生理食鹽水	50 mL
4	75%酒精溶液（附噴霧瓶）	100 mL

六、實驗器材

項次	內容	數量
1	無菌吸管（1 mL）	4 支
2	三角瓶（300 mL）	1 個
3	培養皿（玻璃或塑膠製），已滅菌	6 個
4	水浴器（水溫維持 45~50℃）	1 個
5	試管架	1 個
6	燒杯（250 mL）	3 個
7	螺帽試管（18 × 200 mm）盛裝生理食鹽水並經滅菌	3 支
8	酒精燈	1 個
9	培養箱（共用）	1 個
10	打火機	1 個
11	標籤紙	數張
12	棉布手套	1 隻

第二節　食品微生物細胞觀察

微生物是十分微小的生命體，以人類肉眼是很難看見其外觀，因此使用顯微鏡觀察是十分重要的，除可瞭解微生物細胞之形態，更可利用以判斷細胞之部分特性，如革蘭氏陰性或陽性菌之判斷，茲以酵母菌為例簡單說明微生物細胞大小觀察之方法於下。

一、步驟

1. 鏡檢用標本製作，取一滴酵母菌液滴於載玻片上，蓋上蓋玻片後，置於顯微鏡之載物臺上。
2. 調整顯微鏡，觀察酵母之形態。
3. 取下接目鏡上之鏡框，輕輕置入接目測微計，再放回鏡框。
4. 在接物鏡之下方，以載物臺上之載玻片夾固定接物鏡測微計，鏡檢時使用 10 × 40 倍數之鏡頭，調焦距使接目與接物測微計之刻度疊合，以求出兩測微計之刻度對應比例。
5. 測定檢體酵母菌時，將接物測微計移開，代以自製之酵母菌標本檢體，直接由接目測微計測其大小。若菌體移動時，可滴加氯仿固定之。

二、圖解：

1. 酵母菌標本的製作

載玻片以清潔劑與清水洗淨 → 放入裝 75%酒精瓶中備用 → 火焰滅菌

→ 接種環以酒精燈火焰殺菌 →

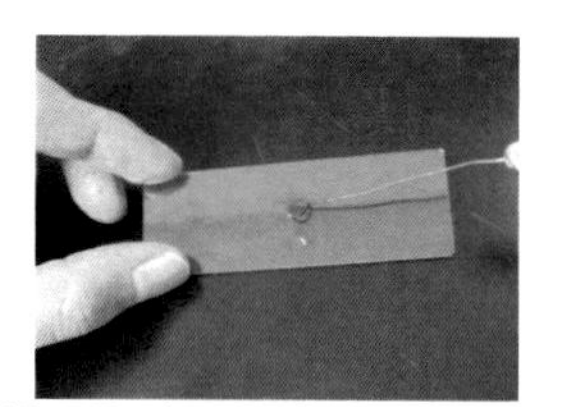

以接種環取酵母菌液塗於載玻片上。

→

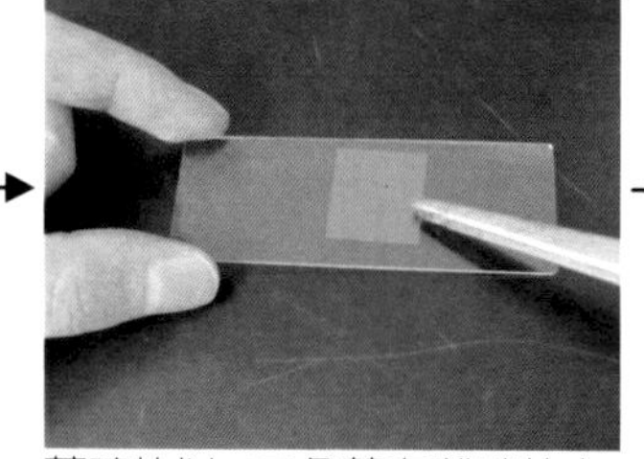

蓋玻片以 45°角蓋在載玻片上 →

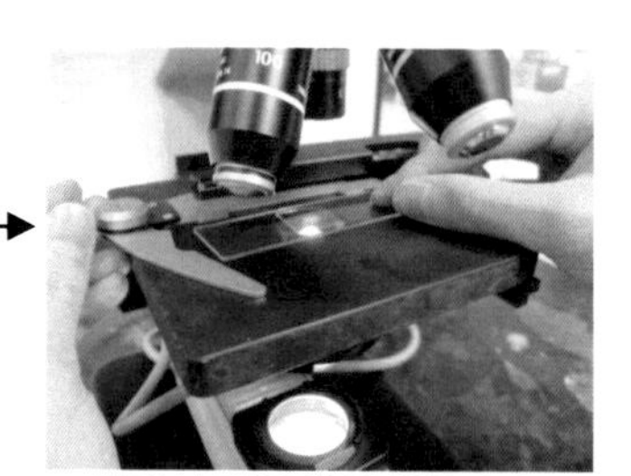

載玻片置顯微鏡載物臺上

2. 調整顯微鏡，觀察酵母菌之形態。

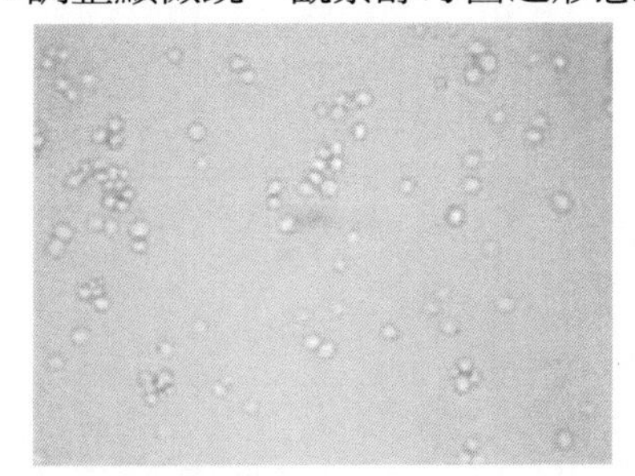

3. 測微計之使用

取下接目鏡上之鏡框　→　輕輕置入接目測微計　→　再放回鏡框。

接物測微計

將接物測微計放於載物台上，
並移置照明上方之中央處。

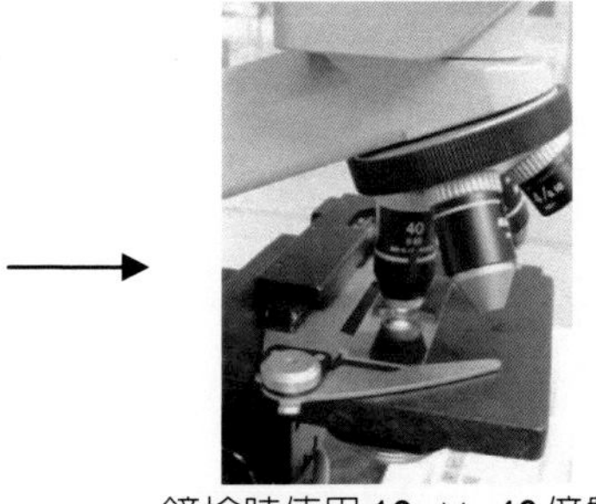

鏡檢時使用 10 × 40 倍數
之鏡頭。

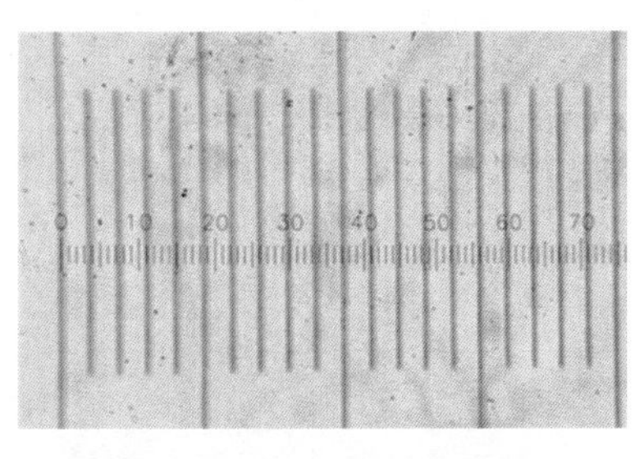

調焦點使兩側測微計之刻度疊合，
以求出兩測微計之刻度對應比例。

4. 檢體檢測

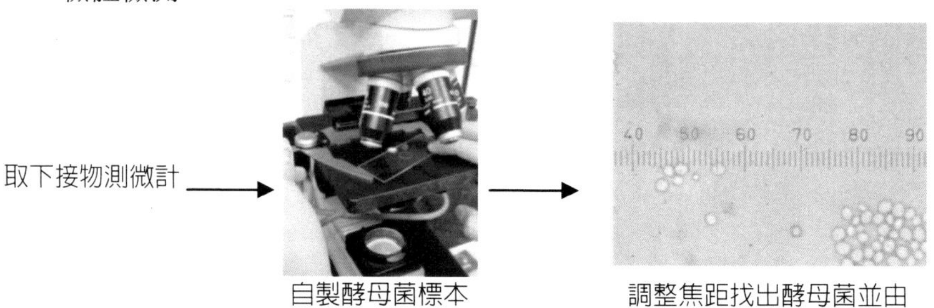

自製酵母菌標本置放載物臺上

調整焦距找出酵母菌並由接目測微計計算其大小

三、結果

1. 接物測微計通常以 1 mm 分為 100 個分格，故每格為 0.01 mm，即 10 μm。

   1 mm = 1000 μm

   1000 μm ÷ 100 格 = 10 μm／格

2. 接目測微計每格（μm）大小之計算方法

$$10\mu m \times \frac{\text{接物測微計格數}}{\text{接目測微計格數}} = \text{接目測微計每格之大小（}\mu m\text{）}$$

   依上圖顯示接目測微計由 50-70 處共 20 格（細格）可與接物測微計 5 格（粗格）重合。

$$\therefore \text{ 1 格接目測微計} = 10\ \mu m \times \frac{5}{20} = 2.5\ \mu m$$

3. 假設所觀察之酵母菌由接目測微計測得菌株為 2.5、2.5、2、2、2.5 格。

   →酵母菌大小為 (2.5＋2.5＋2＋2＋2.5) ÷ 5 × 2.5 = 5.75 μm

四、實驗藥品

項次	內容	數量
1	酵母菌液	少許
2	氯仿	10 mL
3	75%酒精	50 mL

五、實驗器材

項次	內容	數量
1	顯微鏡	1台
2	白金耳（接種環）	1支
3	酒精燈	1個
4	載玻片	2片
5	接目測微計	1片
6	接物測微計	1片
7	蓋玻片	1盒
8	塑膠滅菌滴管	1支
9	打火機或火柴	1個
10	鑷子	1支

第三節　革蘭氏染色法

1884 年革蘭氏利用染色法將細菌區分為革蘭氏陰性菌及革蘭氏陽性菌兩大類，此項染色之主要原理乃依據微生物細胞壁所含脂質量不一的特性，使其在染色過程有不同的反應而呈現不同的顏色得加以分類。革蘭氏陽性菌細胞壁中含有較大量的肽聚糖，但經常缺乏第二層膜和脂多糖層，使脂質含量低，以結晶紫染色時，可保留結晶紫-碘複合體，因少量之脂質經乙醇作用，產生溶解，形成細胞壁之細孔，及乙醇之脫水作用而封閉細孔，以致緊密結合之初染劑不易移去，保留紫色。革蘭氏陰性菌細胞壁中肽聚糖含量低，而脂類含量高，易為乙醇溶解，形成較大之孔洞，通透性增強，因此有利於結晶紫-碘複合體之釋出，致使菌體成無色。複染劑為番紅，凡經脫色之細菌，會被染成紅色。因革蘭氏陰性菌發生脫色現象，故於此步驟能吸收複染劑，而呈現紅色。茲簡單介紹染色之操作如下。

一、步驟

1. 以接種環分別取三種供檢菌種製作抹片，將菌種固定之。

2. 初染：將已固定之抹片用哈克氏（Hucker's）結晶紫染色後，水洗。
3. 媒染：以革蘭氏碘液媒染後，水洗。
4. 脫色：用 95%乙醇洗至不再有紫色褪出時，再以自來水沖洗。此步驟需時甚短，僅數秒鐘即可，惟視抹片之厚薄而定。
5. 複染：用哈克氏複染液複染後，水洗。
6. 自然風乾。
7. 鏡檢並判定其為革蘭氏陽性菌或陰性菌。
8. 畫出所觀察之菌體形狀。

註 1：脫色過度時可使初染流失，使革蘭氏陽性菌成革蘭氏陰性菌。

註 2：脫色不足，則不能完全除去結晶紫-碘複合物，結果使革蘭氏陰性菌成革蘭氏陽性菌。

二、圖解

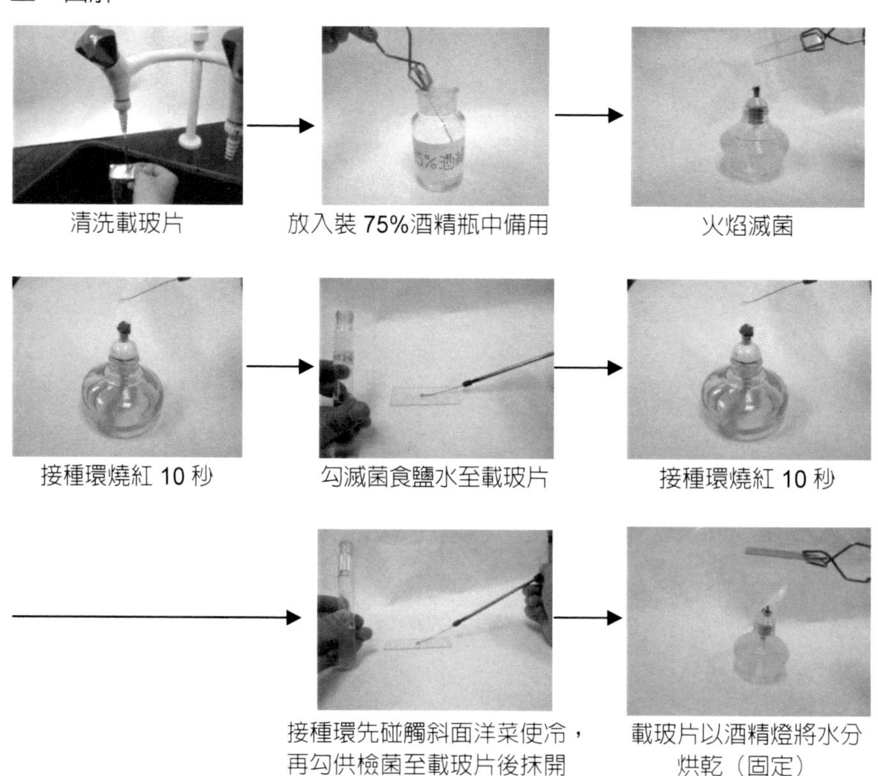

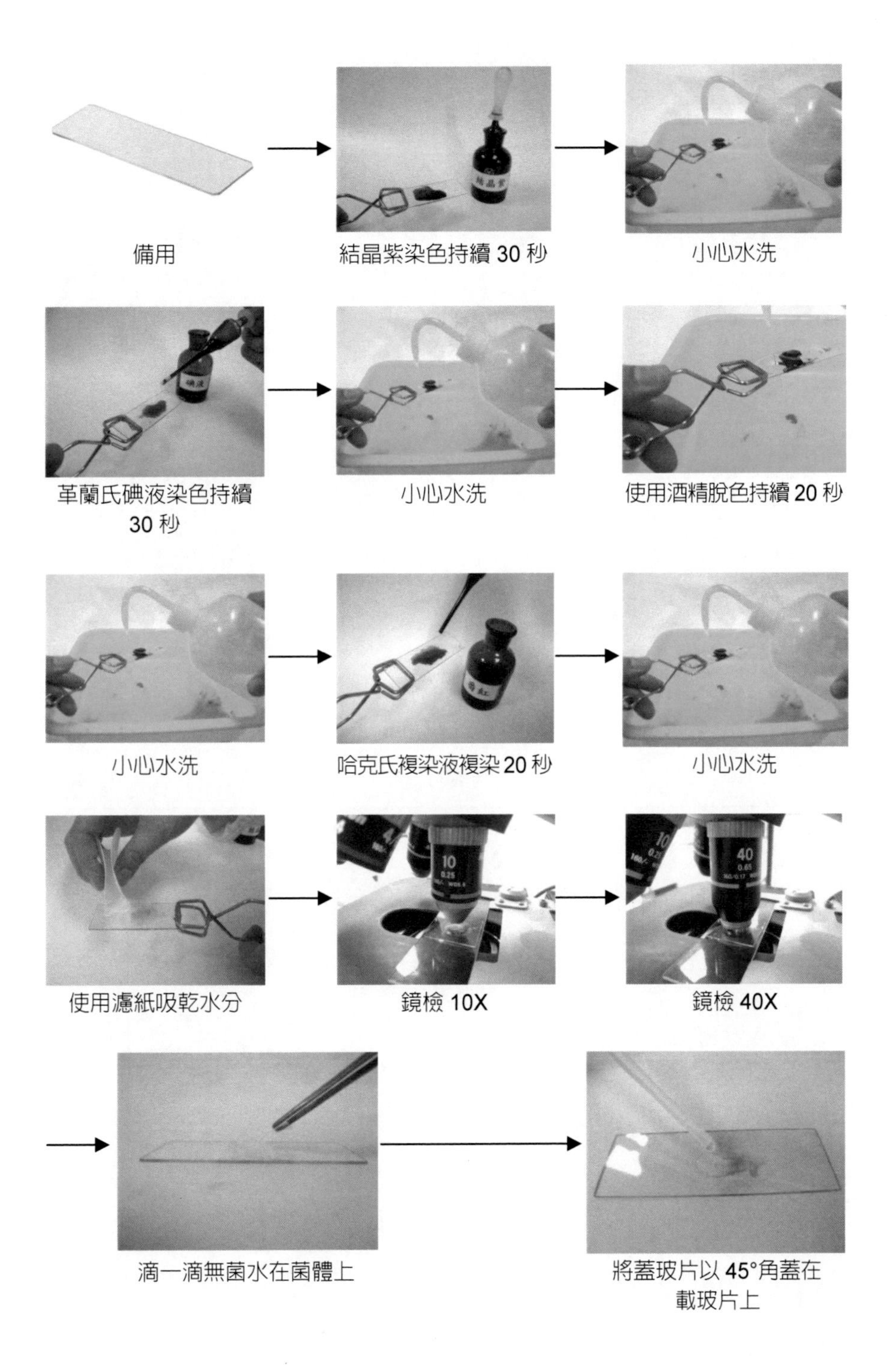

備用 → 結晶紫染色持續 30 秒 → 小心水洗

革蘭氏碘液染色持續 30 秒 → 小心水洗 → 使用酒精脫色持續 20 秒

小心水洗 → 哈克氏複染液複染 20 秒 → 小心水洗

使用濾紙吸乾水分 → 鏡檢 10X → 鏡檢 40X

→ 滴一滴無菌水在菌體上 → 將蓋玻片以 45°角蓋在載玻片上

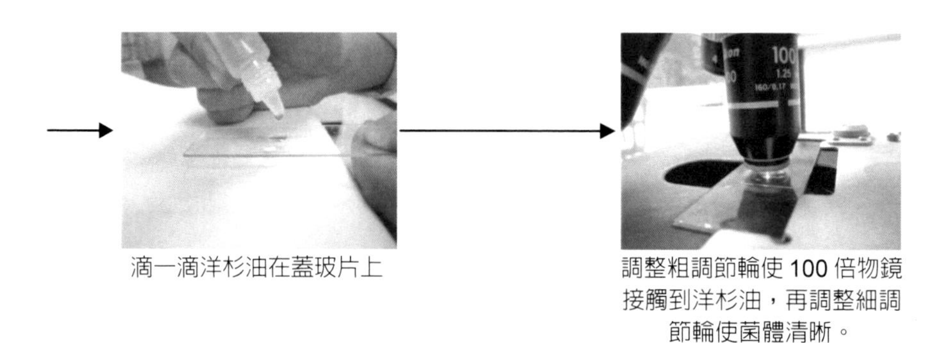

滴一滴洋杉油在蓋玻片上

調整粗調節輪使 100 倍物鏡接觸到洋杉油，再調整細調節輪使菌體清晰。

三、觀察結果

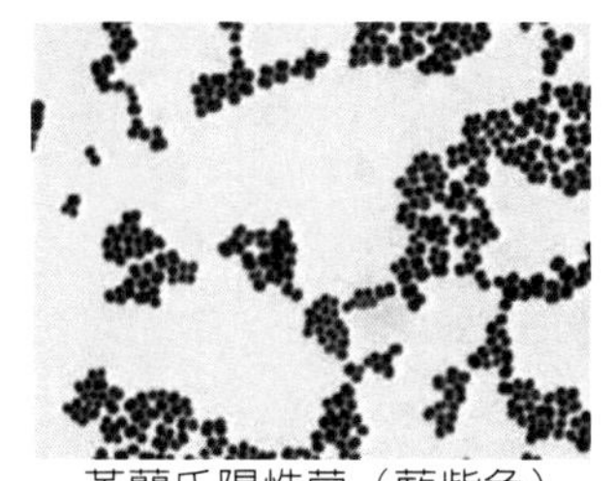

革蘭氏陽性菌（藍紫色）

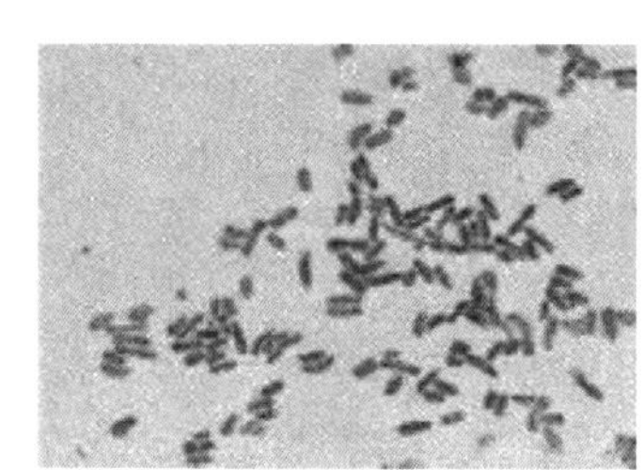

革蘭氏陰性菌（紅色）

四、實驗藥品

項次	內容	數量
1	革蘭氏染色液（新鮮配製供檢用） 1. 哈克氏結晶紫液（初染劑）20 毫升 溶液 A：取 2 克結晶紫溶於 20 毫升之 95%乙醇中。 溶液 B：取 0.8 克草酸銨溶於 80 毫升蒸餾水中。 將溶液 A 與溶液 B 混合，靜置 24 小時後，過濾，濾液作為初染劑。 2. 革蘭氏碘液（媒染劑）20 毫升 取 2 克碘化鉀及 1 克碘置於研缽中，經研磨 5～10 秒鐘後，加 1 毫升蒸餾水研磨，次加 5 毫升蒸餾水研磨，再加 10 毫升蒸餾水，研磨至碘化鉀和碘完全溶於水中，將此溶液注入褐色瓶中再以適量蒸餾水洗滌研缽及杵後，以此洗液併入，使溶液達 300 毫升。 3. 哈克氏複染液 20 毫升 取 2.5 克番紅（safranine）溶於 100 毫升之 95%乙醇中，供作複染原液，使用時，取 10 毫升原液加 90 毫升蒸餾水，作為複染液。	
2	95%乙醇	500 mL
3	無菌水	200 mL

4	生理食鹽水	500 mL
5	供檢細菌（準備三種已知種屬，經斜面培養 24 小時之菌種。）	

五、實驗器材

項次	內容	數量
1	顯微鏡（10 × 40，10 × 100）	1 台
2	載玻片	6 片
3	接種環	1 支
4	濾紙（10 × 10 cm）	10 張
5	染色架（或 1L 的燒杯，接染色廢液）	1 個
6	酒精燈	1 個
7	洋杉油（共用）	1 瓶
8	滴眼瓶（裝染劑及脫色劑）	4 支
9	拭鏡紙	1 盒
10	蓋玻片	1 盒
11	鑷子（或玻片夾）	1 支
12	打火機	1 個
13	吸管	1 支
14	洗瓶	1 個
15	試管架（5 × 4 支），試管（1.5 × 12 cm）	1 個

第四節　鑑別大腸桿菌之 IMViC 試驗法

大腸桿菌係大腸桿菌群中一株病原菌，屬兼氣好氣性，具有產氣特性，食品檢液經 LST、BGLB 及 EC 等三種培養液先後培養後，在 EC 培養液仍具產氣現象者，可懷疑為大腸桿菌汙染，惟需經其相關之生化反應確認，該生化反應稱 IMViC 試驗法，茲簡單敘述該方法如下。

I：Indole……大腸桿菌呈正反應或負反應

利用大腸桿菌可分泌 Tryptophanase 將 Tryptophan 分解形成 Indole，加入柯瓦克試劑產生紅色反應之原理。

$$\text{Tryptophan} \xrightarrow{\text{Tryptophanase}} \text{Indole} \xrightarrow{\text{柯瓦克試劑}} \text{紅色（正反應）、褐色（負反應）}$$

Hint：1. 柯瓦克試劑為

P-dimethyl benzaldehyde	5 g
Amyl alcohol	75 g
HCl	25 mL

2. 此反應有時不一定很明顯。

M：Methyl red（MR test）……大腸桿菌應呈紅色之正反應

利用大腸桿菌可利用醣類產生有機酸（pH < 4.0）使甲基紅呈紅色之原理。

$$\text{醣類} \xrightarrow{\text{發酵}} \text{有機酸（pH<4.0）} \xrightarrow{\text{加入甲基紅}} \text{紅色（正反應）、黃色（負反應）}$$

V：Voges-Proskauer（VP test）……大腸桿菌應呈黃色之負反應

利用大腸桿菌無法將葡萄糖轉變為乙醯甲基甲醇，故不產生粉紅色。

$$\text{醣類} \xrightarrow{\text{發酵}} \text{乙醯甲基甲醇} \xrightarrow[\text{KOH}]{\alpha\text{-naphthol}} \text{二乙醯化合物} \xrightarrow{\text{creatine}} \text{粉紅色（正反應）}$$

C：Citrate……大腸桿菌應呈澄清之負反應

待檢菌如可利用 Citrate 則溶液呈現混濁（正反應），如溶液呈現澄清（負反應），因大腸桿菌無法利用檸檬酸鹽，不會將 peptone 分解形成 NH_3，以 bromethymol blue 當指示劑呈綠色。即當 pH < 6.9 溶液會呈綠色，在 pH > 7.16 則呈藍色。因大腸桿菌不會利用 peptone 無 NH_3 生成，故 pH < 6.9 溶液呈綠色為負反應。

$$\text{Koser's citrate broth} \xrightarrow[\text{Citrate}]{} \text{turbidity}$$

$$\text{Peptone} \xrightarrow[\text{分解}]{} NH_3$$

綜之，大腸桿菌之 IMViC 反應結果應如下表所列。

	I	M	V	C
大腸桿菌反應（如右）	−	+	−	−
	+	+	−	−

茲將 IMViC 實驗流程簡述如下。

一、步驟

1. 吲哚試驗（Indole test）

(1) 事先培養好供試菌 A、B 兩種

供試菌 A、B 兩種，分別接種於胰化蛋白腖肉羹中，於 35℃培養箱培養 24 ± 2 小時（供使用）。

(2) 培養好之供試 A、B 菌，以吸管吸取 0.2 mL 柯瓦克氏（Koras）試劑分別加入該兩菌液中，輕輕搖動後靜置 10 分鐘，觀察其上層之呈色結果。

2. 甲基紅試驗（MR test）

(1) 事先培養好供試菌 A、B 兩種

供試菌 A、B 兩種，分別接種於甲基紅-歐普氏培養基中，於 35℃培養箱培養 48 ± 2 小時（供使用）。

(2) 培養好之供試 A、B 菌液，以吸量管取 0.3 mL 甲基紅分別加入兩菌液中，輕輕搖勻，觀察呈色反應。

3. 歐普氏試驗（VP test）

(1) 事先培養好供試菌 A、B 兩種（同步驟 2）

供試菌 A、B 兩種，分別接種於甲基紅-歐普氏培養基中，於 35℃培養箱培養 48 ± 2 小時（供使用）。

(2) 培養好之供試 A、B 菌液，分別取 1 毫升培養液至另一已滅菌之兩試管中，分別以吸量管吸取 0.6 mL 歐普氏試劑 A 液及 0.2 mL 歐普氏試劑 B 液入兩試管中，再加入少許肌酸試劑輕輕搖勻，1 小時後觀察呈色反應。

4. 檸檬酸鹽利用試驗（Citrate utilization test）

(1) 事先培養好供試菌 A、B 兩種

供試菌 A、B 兩種，分別接種於柯塞爾氏檸檬酸鹽肉羹中，於 35℃培養箱培養 72～96 小時，觀察其培養液之澄清度。

二、圖解

1. 吲哚試驗（Indole test）

紅色為正反應
黃色為負反應

2. 歐普氏試驗（VP test）

MR-VP 試驗之第一步驟是一樣的，均先將試驗菌接種於甲基紅-歐普氏培養基於 35℃培養 48±2 小時，再將經培養之菌液分兩部分，分別進行 MR 及 VP 試驗，茲分述如下：

(1) 培養後之菌液分兩部分

A 菌

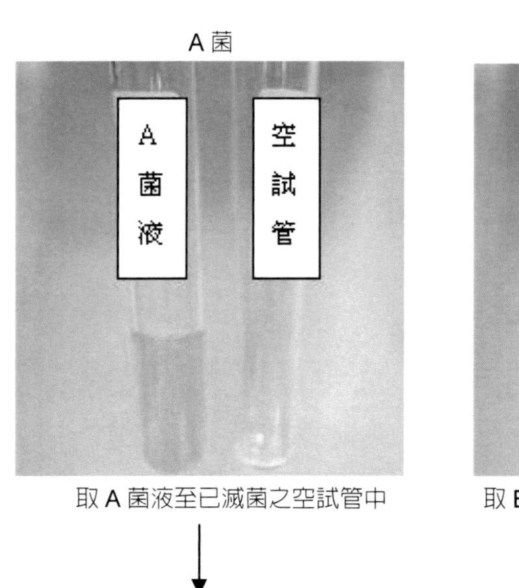

取 A 菌液至已滅菌之空試管中

B 菌

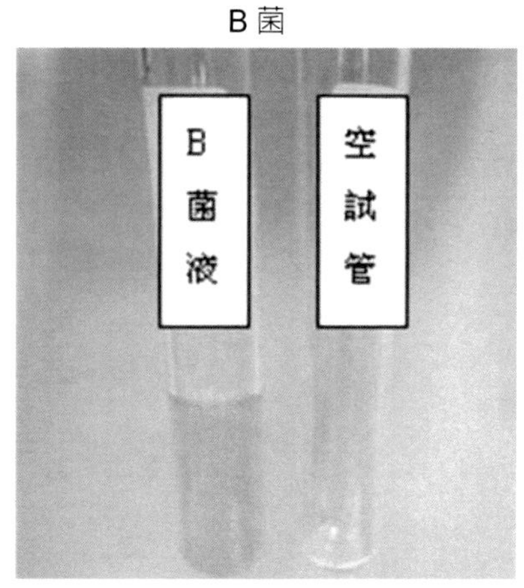

取 B 菌液至已滅菌之空試管中

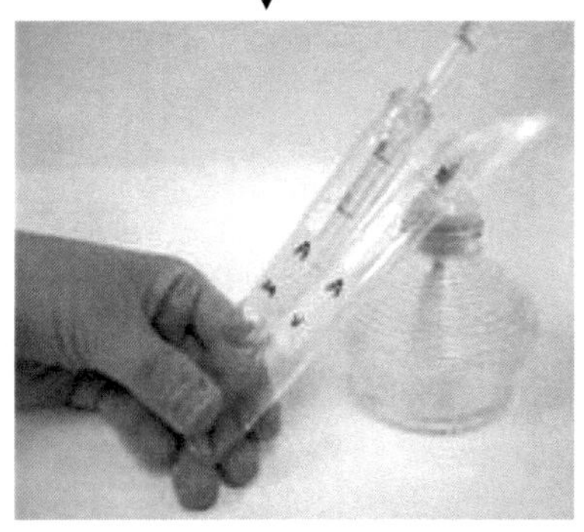

吸量管取 1 mL 之 A 菌液至空試管

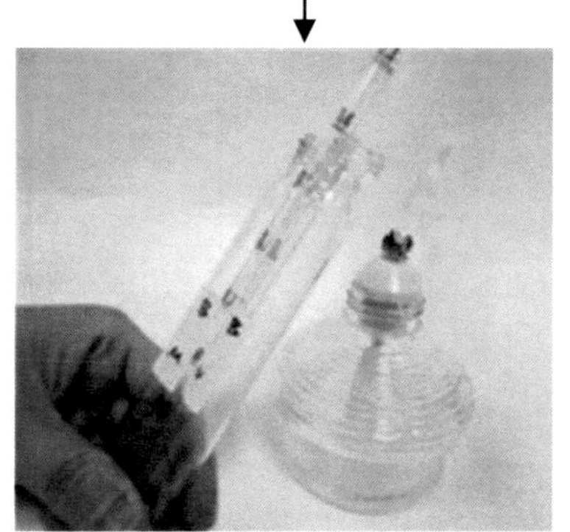

吸量管取 1 mL 之 B 菌液至空試管

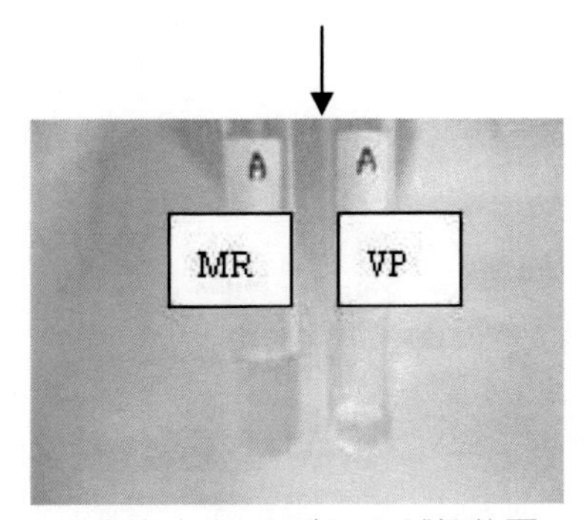

吸取完成後 MR 與 VP 試管放至試管架上備用

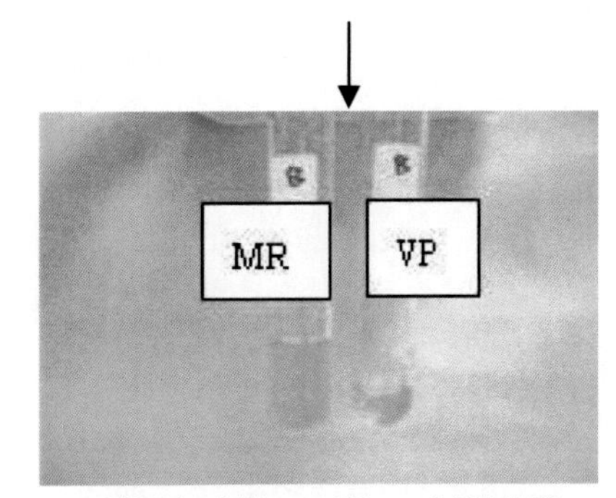

吸取完成後 MR 與 VP 試管放至試管架上備用

(2) 歐普氏試驗（VP test）

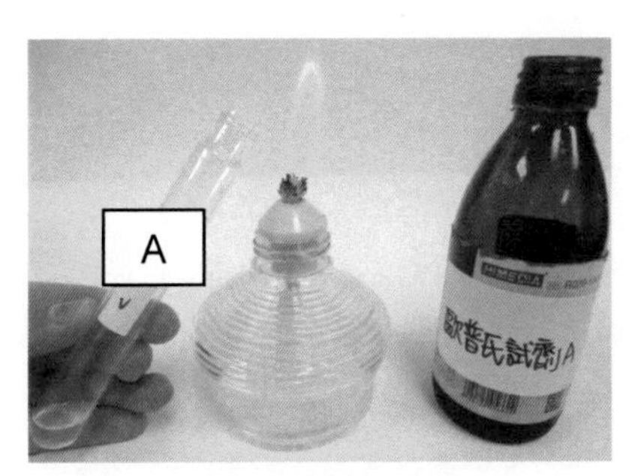

玻璃管口靠近火焰

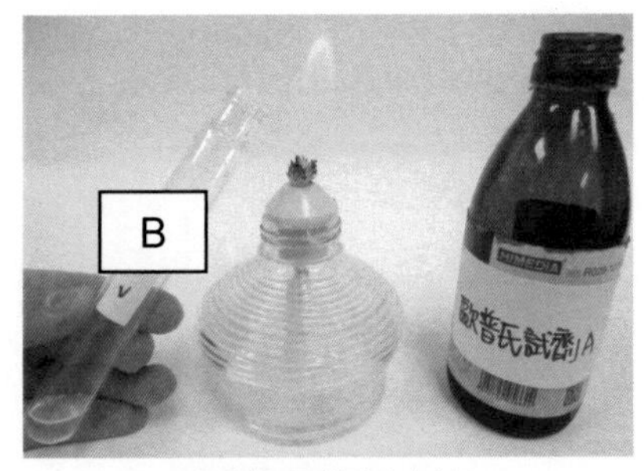

玻璃管口靠近火焰

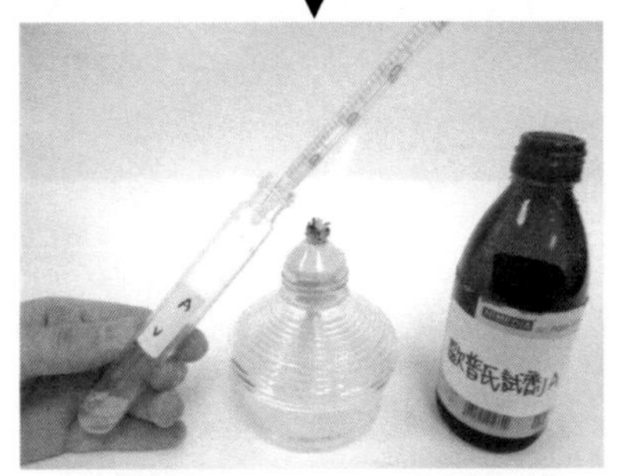

以吸量管吸取 0.6 mL 歐普氏試劑 A 入 A 菌液中進行 VP 試驗

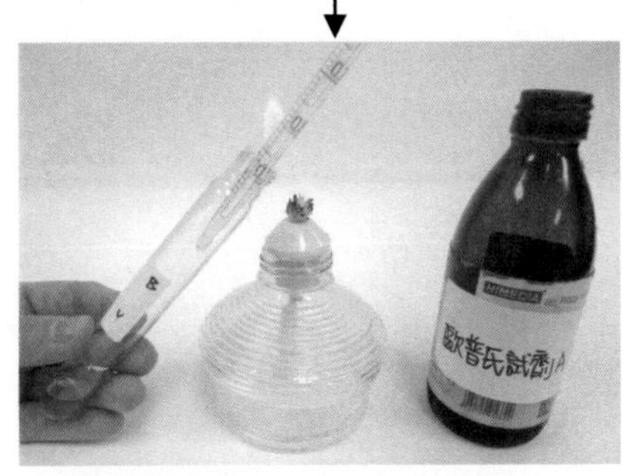

以吸量管吸取 0.6 mL 歐普氏試劑 A 入 B 菌液中進行 VP 試驗

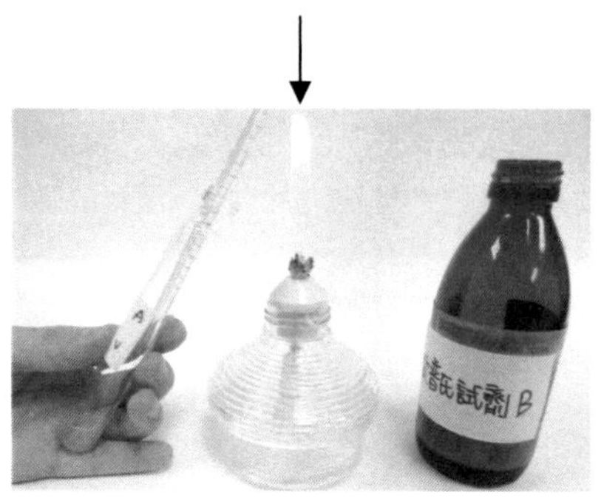

再以吸量管吸取 0.2 mL 歐普氏試劑 B
與少許肌酸試劑入試管中

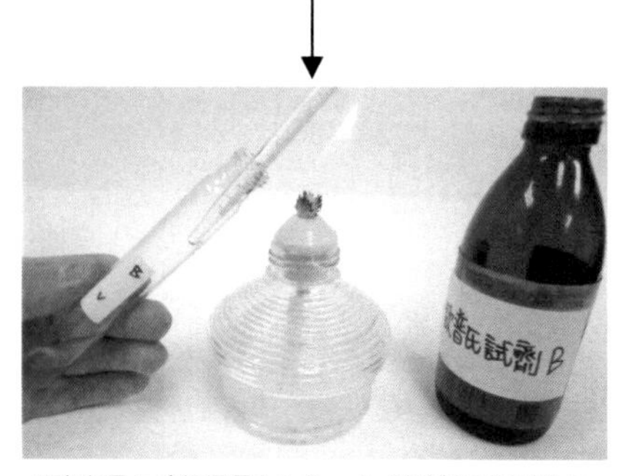

再以吸量管吸取 0.2 mL 歐普氏試劑 B
與少許肌酸試劑入試管中

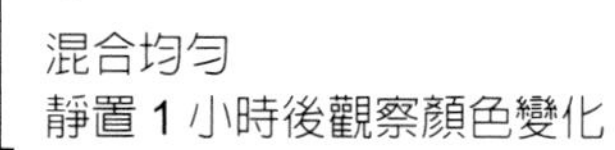

混合均勻
靜置 1 小時後觀察顏色變化

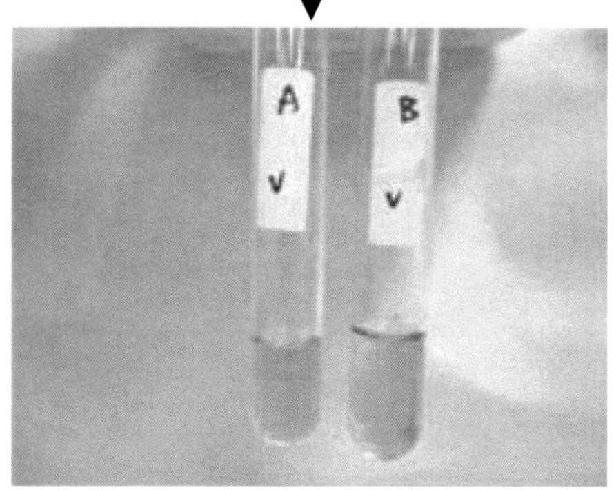

黃色為負反應
紅色為正反應

3. 甲基紅試驗（MR test）

經 MR - VP 培養液培養之另一部分菌液，依下列方法進行 MR 試驗

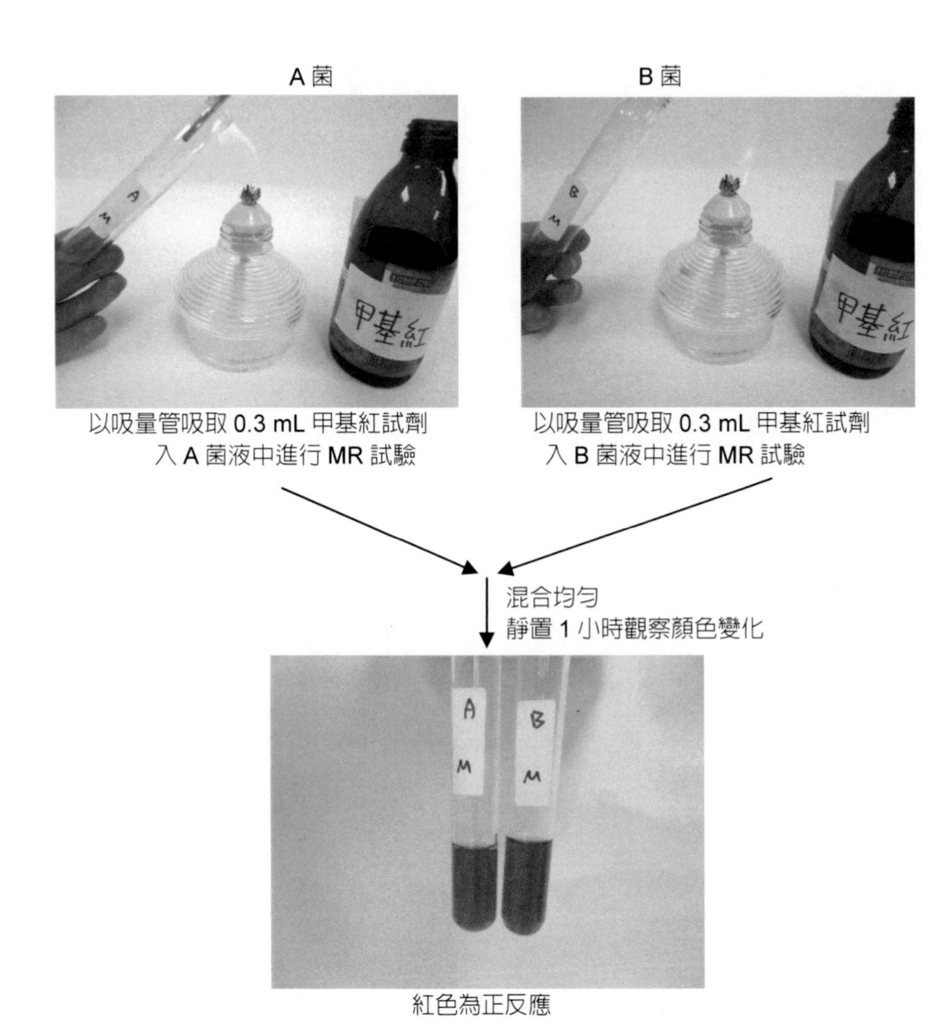

4. 檸檬酸鹽利用試驗（Citrate utilization test）

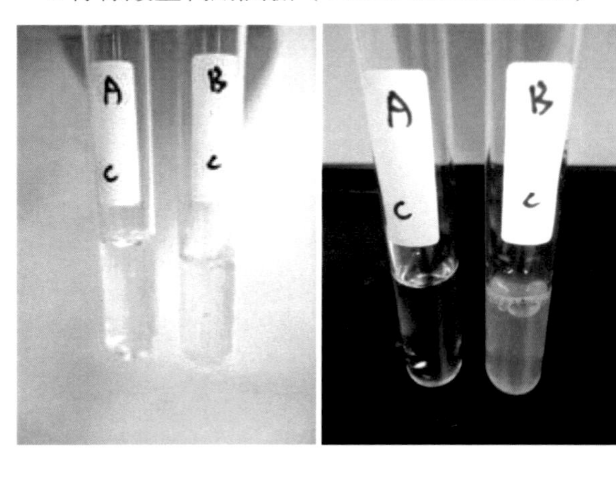

混濁為正反應
澄清為負反應

三、IMVC 的反應結果判定

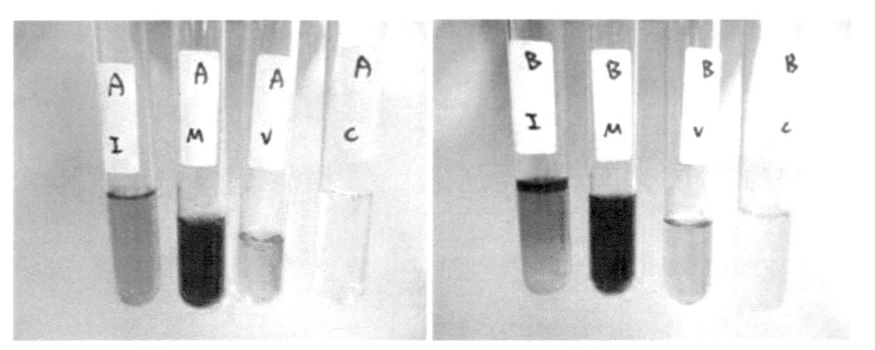

A 菌為　＋　＋　－　－

B 菌為　＋　＋　－　＋

反應／菌種	I	M	V	C	結果判定
A 菌	＋	＋	－	－	為大腸桿菌
B 菌	＋	＋	－	＋	非大腸桿菌

四、實驗藥品

項次	內容	數量
1	柯瓦克試劑（共用）	200 mL
2	歐普氏試劑 A 液（共用）	200 mL
3	歐普氏試劑 B 液（共用）	200 mL
4	肌酸（共用）	1 瓶
5	甲基紅指示劑（共用）	200 mL
6	供試菌 A、B 兩種，依 A-B、B-A、A-A、B-B 等四種組合，其中任一種組合均可供作試驗菌，應依方法小心檢測。	2 菌種

五、實驗器材

項次	內容	數量
1	吸量管（0.2 mL）	2 支
2	吸量管（1 mL）	3 支
3	滅菌試管	10 支
4	安全吸球	1 個
5	酒精燈	1 個
6	試藥匙	1 支
7	接種環	1 個
8	打火機	1 支

第五節　大腸桿菌群數目測定

大腸桿菌群為一群可利用 LST 及 BGLB 之產氣菌，其量多寡影響產品衛生品質，甚或引起中毒，故不同食品皆設有其衛生標準，一般以 MPN（Most probable number）法推算食品中大腸桿菌群之菌體數目。

此法利用 BGLB 培養液產氣管數推算 LST 之產氣管數，參照 MPN 表，據以計算出該食品中大腸桿菌數目。茲簡單敘述 MPN 之測定法如下。

一、步驟

1. 培養液及稀釋液之配製

(1) LST 培養液

取配製好之 LST 培養液，分取 10 mL 注入 9 支裝有發酵管之試管內，並以 121℃滅菌 15 分鐘（可事先準備裝有已滅菌之 LST 培養液 9 支，選取發酵管內完全沒氣泡之試管）。

(2) BGLB 培養液

取配製好之 BGLB 培養液，分取 10 mL 注入 9 支裝有發酵管之試管內，並以 121℃滅菌 15 分鐘（可事先準備已滅菌之 BGLB 培養液供選取 9 支，須選取發酵管內完全沒氣泡之試管）。

(3) 稀釋液

取配製好之生理食鹽水，分取 9 mL 注入 3 支試管中，並以 121℃滅菌 15 分鐘（如已提供已滅菌之稀釋液 3 支，則滅菌操作可免）。

2. 檢液之稀釋

取果汁 1 mL，配製成 10 倍、100 倍、1000 倍之稀釋果汁檢液，並標示為 10^1、10^2、10^3。

3. 大腸桿菌群之鑑別

(1) 分取各稀釋倍數果汁檢液各 1mL 接種於 LST 培養液中，每稀釋檢液各接種 3 支（稱三階三支），並置於 35℃之培養箱中，培養 24～48 小時（可先準備已培養 24～48 小時之培養液試管，並依有無產氣做不同組合提供），有產氣試管，則為可疑大腸桿菌群陽性。

(2) 由有產氣之每一 LST 培養液試管中取一白金耳量培養液接種於另一支 BGLB 培養液中（應分別標示相對應之稀釋倍數），並置於 35℃之培養箱中，培養 18～46 小時（可先準備已培養 18～46 小時之培養液管，並依有無產氣做不同組合提供），有產氣試管，則判定為大腸桿菌群陽性。

二、圖解

1. 培養液及稀釋液之配製

(1) LST 試管標示樣品稀釋倍數 10^1、10^2、10^3，試管做上標記（三階三支）。

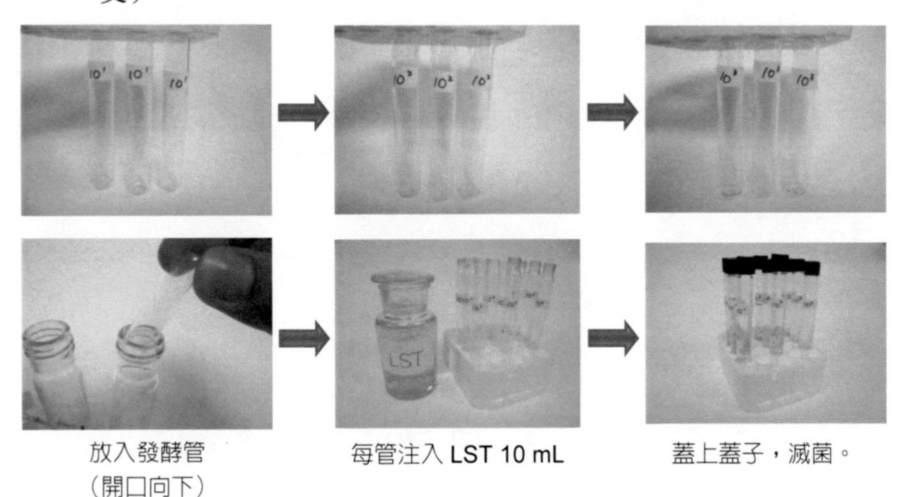

放入發酵管（開口向下）　　每管注入 LST 10 mL　　蓋上蓋子，滅菌。

(2) BGLB 試管標示樣品稀釋倍數，10^1、10^2、10^3，試管做上標記（三階三支）。

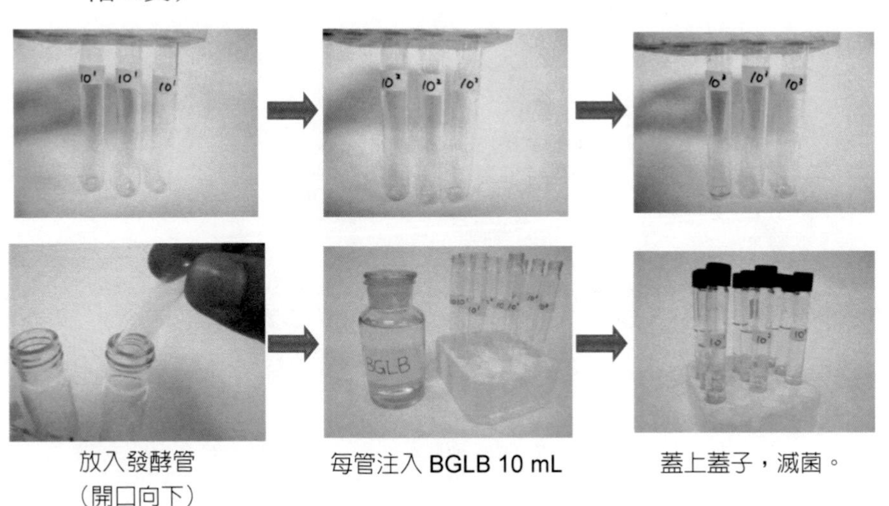

放入發酵管（開口向下）　　每管注入 BGLB 10 mL　　蓋上蓋子，滅菌。

(3) 稀釋液

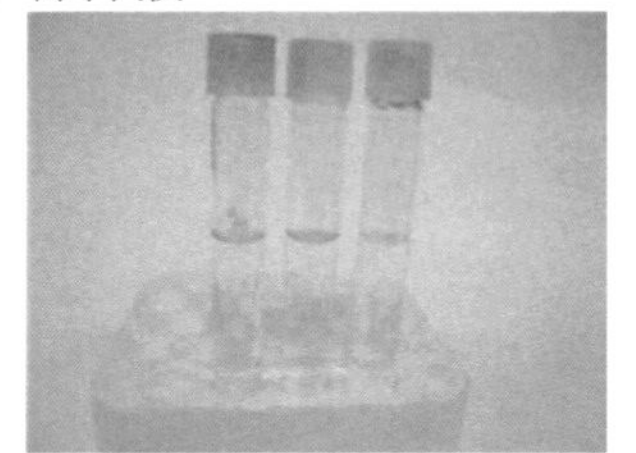

取生理食鹽水 9 mL 分別裝入試管中蓋上蓋子，滅菌。

2. 檢液之稀釋

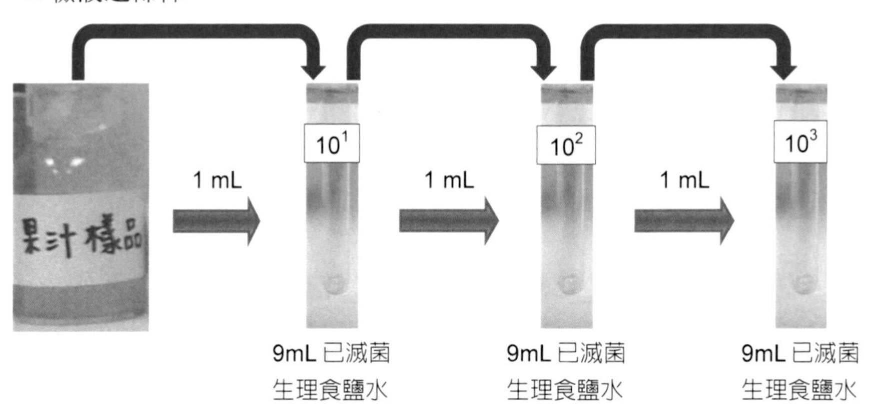

3. 大腸桿菌群之鑑別

(1) 分取各稀釋倍數果汁檢液各 1 mL 接種於 LST 培養液中(三階三支)

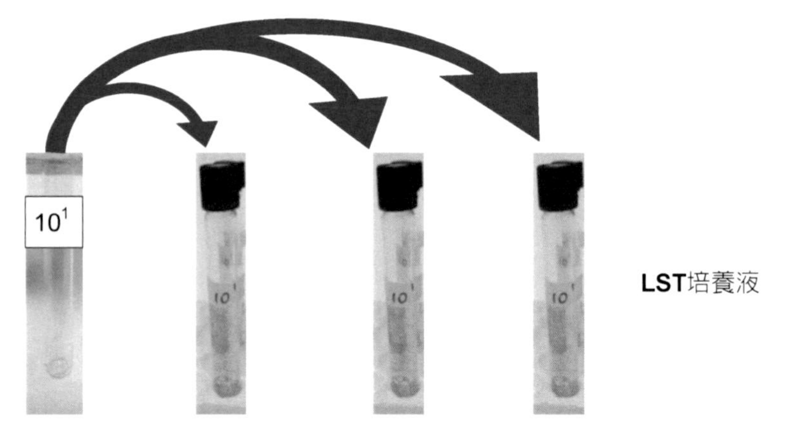

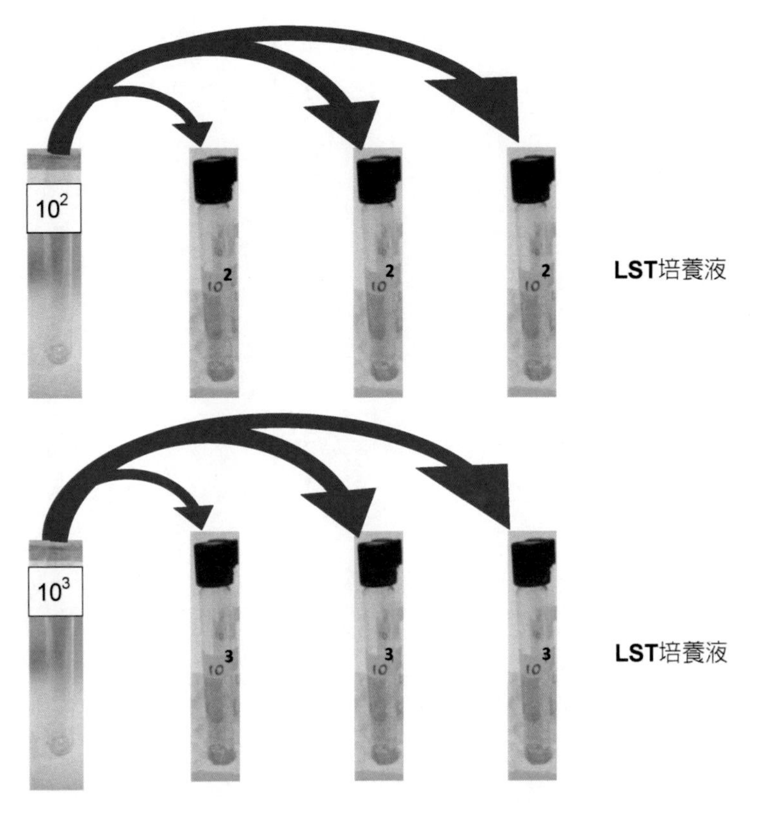

（置於 35℃之培養箱中，培養 24～48 小時，有產氣試管，則為可疑大腸桿菌群陽性）

(2) 依照 LST 產氣結果，依稀釋倍數接種至相對應濃度與試管數目的 BGLB 試管裡培養。

① 假設，10^1、10^2、10^3 結果為 [2、2、1]等試管產氣如下：

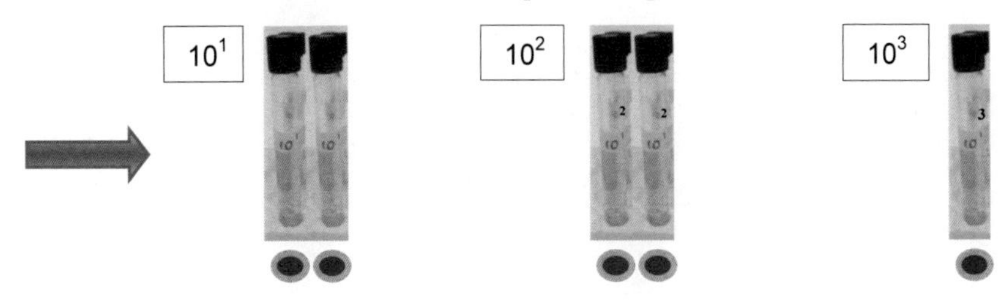

② 由有產氣之每一 LST 培養液試管中取一白金耳量培養液接種於另一支 BGLB 培養液中（應分別標示相對應之稀釋倍數及管數）

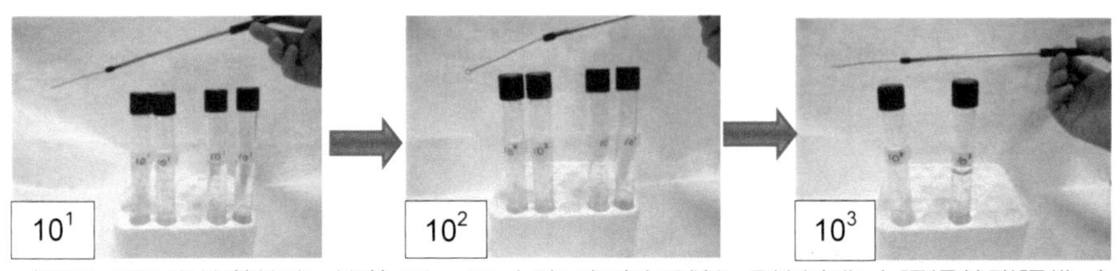

（置於 35℃之培養箱中，培養 18～46 小時，有產氣試管，則判定為大腸桿菌群陽性。）

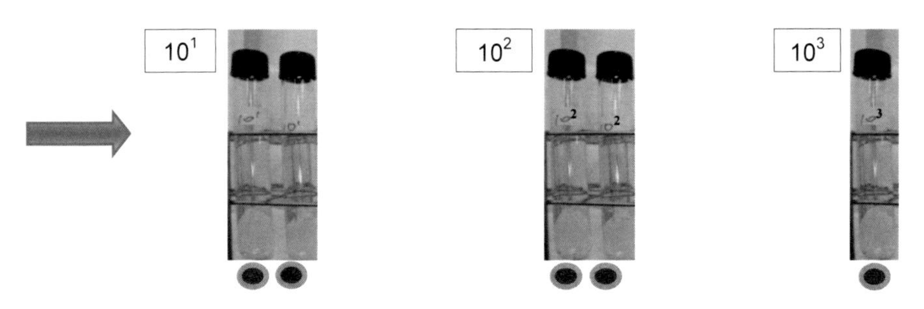

經 BGLB 培養後依據產氣結果為 [2、2、1]，查表後計算 MPN。

三、結果判定

由 BGLB 培養液判定為大腸桿菌群陽性者，推算 LST 培養液三階之大腸桿菌群陽性試管數，並查最大可能菌數之對照表，計算出每毫升果汁中之最大可能之大腸桿菌群之菌體數目。

四、計算

結果為 2.2.1，經查表大腸桿菌最確數為 28，該表標明每 100 mL 之 MPN 數，如要以每克或每 mL 之 MPN 數，則可依下列公式計算。

$$\text{計算公式：MPN} = \left(\frac{\text{表中之 MPN 數}}{100}\right) \times \text{中間管之稀釋倍數}$$

$$= \frac{28}{100} \times 10^2 = 28\ (\text{MPN/g (mL)})$$

備註：

1. 檢液之稀釋流程

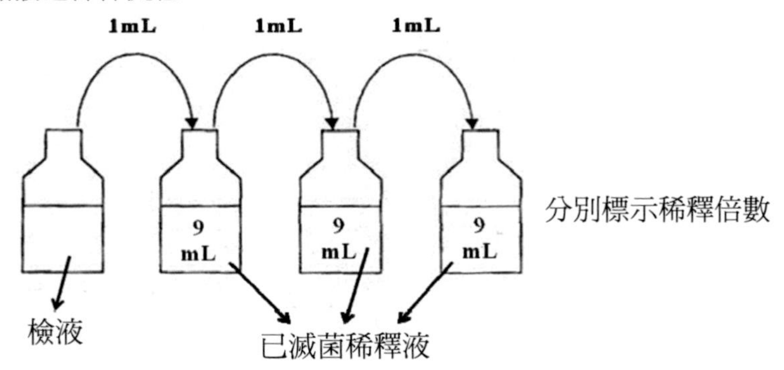

2. 大腸桿菌群的鑑別

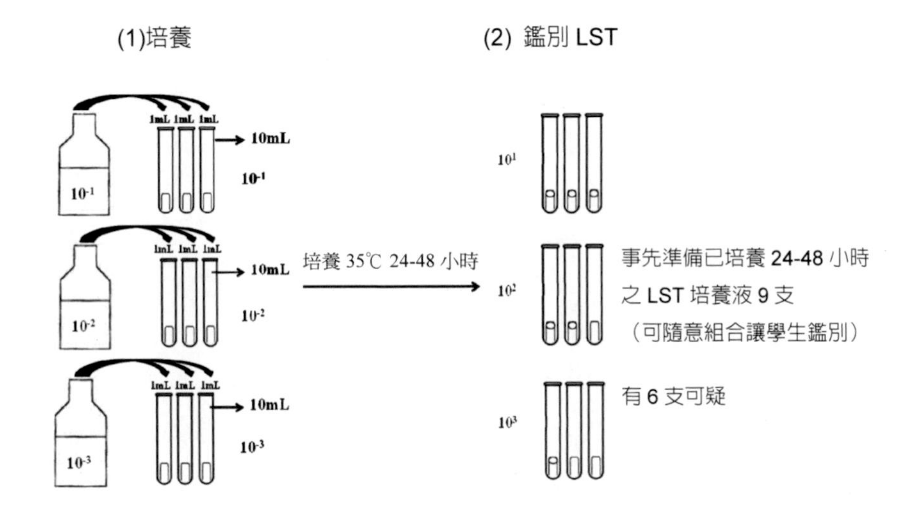

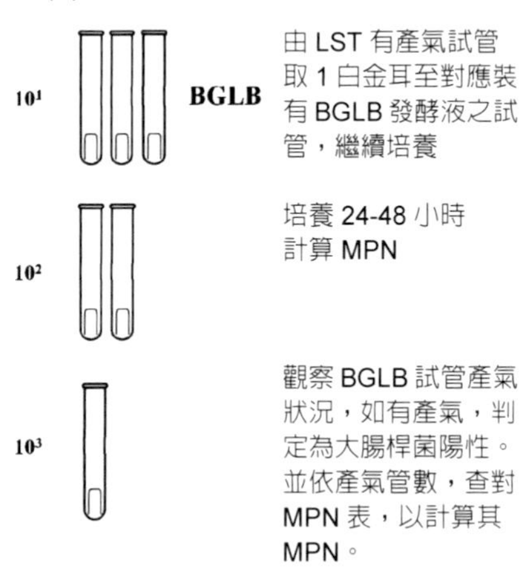

(4) MPN 之計算

設經培養後BGLB有產氣管數結果為3.2.1

經查表大腸桿菌最確數為150

計算公式：

$$\text{MPN}=\left(\frac{\text{表中之 MPN 數}}{100}\right)\times\text{中間管之稀釋倍數}$$

$$=\frac{150}{100}\times 10^2=1.5\times 10^2$$

關於 MPN 的概念

1. 查表時使用的表格要隨對應的檢驗方法
   - 因為版本不同內容有差異
   - 如下列新舊版的數據不完全一致
2. 表中正反應試管數的數值乃試管中所含的檢體量
   - 如附表，未更新表及更新表雖明顯的可看到正反應試管數之數值不一樣，但仔細再看其 MPN 單位不同，舊表為 100 mL（g）之 MPN，新表為 1 mL(g)之 MPN，如將舊表以 1 mL(g)表示，其 10mL/100mL = 0.1mL/1mL 與新表相同，新表 MPN 值以 1 mL 表示則更明確顯示該試管之檢體量
   - MPN 選擇性培養液的容量不一定為 9 mL，新版 LST 及 BGLB 均為 10 mL。
   - 仙人掌桿菌 MPN 方法 TSPB 則為 15 mL

舊 CNS 的 MPN 表（未更新）

附表：最確數表

正反應試管數			MPN/100ml	95% 信賴界限	
10ml	1ml	0.1ml			
0	0	0	< 3		
0	0	1	3	< 0.5	9
0	1	0	3	< 0.5	13
0	2	0	—		
1	0	0	4	< 0.5	20
1	0	1	7	1	21
1	1	0	7	1	23
1	1	1	11	3	36
1	2	0	11	3	36
2	0	0	9	1	36
2	0	1	14	3	37
2	1	0	15	3	44
2	1	1	20	7	89
2	2	0	21	4	47
2	2	1	28	10	150
2	3	0	—		
3	0	0	23	4	120
3	0	1	39	7	130
3	0	2	64	15	380
3	1	0	43	7	210
3	1	1	75	14	230
3	1	2	120	30	380
3	2	0	93	15	380
3	2	1	150	30	440
3	2	2	210	35	470
3	3	0	240	36	1,300
3	3	1	460	71	2,400
3	3	2	1,100	150	4,800
3	3	3	≥2,400		

計算公式：$\frac{\text{表中之 MPN 數}}{100} \times$ 中間試管之稀釋倍數$=$ MPN/g (mL)

例如：連續三階之稀釋倍數　　$10^2-10^3-10^4$

正反應試管數　　3－1－0

表中之 MPN 數　　43

代入計算公式，求得每公克或每毫升檢體中之最確數為

$\frac{43}{100} \times 10^3 = 430$　MPN/g (mL)

附表：最確數表

正反應試管數			最確數（MPN/g 或 MPN/mL）	95% 信賴界限		正反應試管數			最確數（MPN/g 或 MPN/mL）	95% 信賴界限	
0.1*	0.01	0.001		下限	上限	0.1	0.01	0.001		下限	上限
0	0	0	< 3.0	--	9.5	2	2	0	21	4.5	42
0	0	1	3.0	0.15	9.6	2	2	1	28	8.7	94
0	1	0	3.0	0.15	11	2	2	2	35	8.7	94
0	1	1	6.1	1.2	18	2	3	0	29	8.7	94
0	2	0	6.2	1.2	18	2	3	1	36	8.7	94
0	3	0	9.4	3.6	38	3	0	0	23	4.6	94
1	0	0	3.6	0.17	18	3	0	1	38	8.7	110
1	0	1	7.2	1.3	18	3	0	2	64	17	180
1	0	2	11	3.6	38	3	1	0	43	9	180
1	1	0	7.4	1.3	20	3	1	1	75	17	200
1	1	1	11	3.6	38	3	1	2	120	37	420
1	2	0	11	3.6	42	3	1	3	160	40	420
1	2	1	15	4.5	42	3	2	0	93	18	420
1	3	0	16	4.5	42	3	2	1	150	37	420
2	0	0	9.2	1.4	38	3	2	2	210	40	430
2	0	1	14	3.6	42	3	2	3	290	90	1000
2	0	2	20	4.5	42	3	3	0	240	42	1000
2	1	0	15	3.7	42	3	3	1	460	90	2000
2	1	1	20	4.5	42	3	3	2	1100	180	4100
2	1	2	27	8.7	94	3	3	3	＞1100	420	--

*：各階試管中所含檢體量（g 或 mL）

說明：最確數表適用的接種量為各階試管含檢體 0.1、0.01、0.001（g 或 mL），當接種量不同時應乘或除倍率，換算公式為：

$$\text{最確數 MPN/g (MPN/mL)} = \frac{\text{最確數表之最確數}}{\text{第一階試管含檢體量}} \times 10$$

例如：經判定含有測試菌之正反應試管數為 3-1-0 時，對照最確數表之最確數為 43。

(1) 當接種量為各階試管含檢體 1、0.1、0.01（g 或 mL），推算測試菌之最確數= $\frac{43}{1\times10}$ = 4.3 MPN/g（MPN/mL）。

(2) 當接種量為各階試管含檢體 0.1、0.01、0.001（g 或 mL），推算測試菌之最確數= $\frac{43}{0.1\times10}$ = 43 MPN/g（MPN/mL）。

(3) 當接種量為各階試管含檢體 0.01、0.001、0.0001（g 或 mL），推算測試菌之最確數= $\frac{43}{0.01\times10}$ = 4.3×10^{2} MPN/g（MPN/mL）。

檢驗流程圖

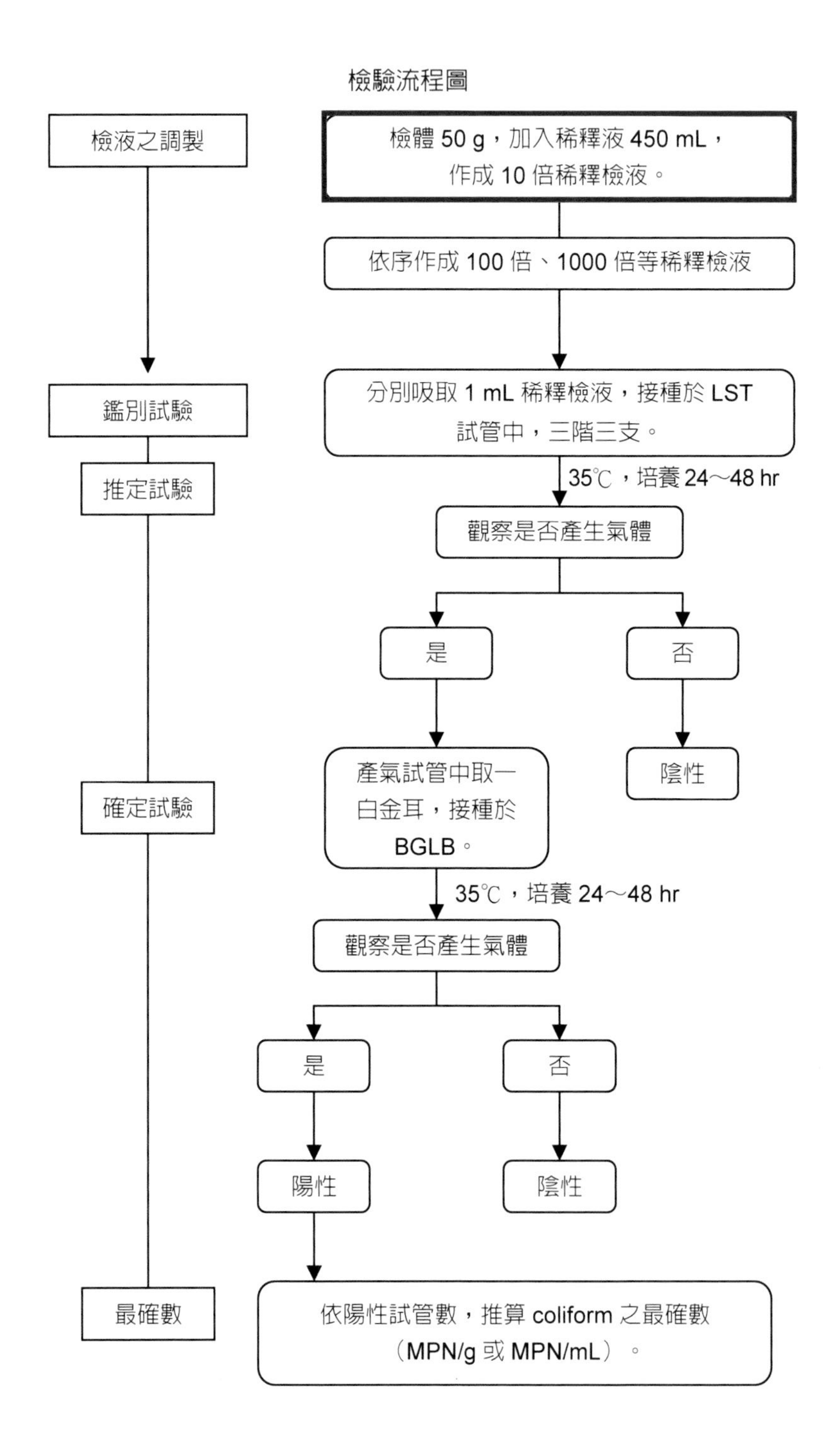
檢液之調製
檢體 50 g，加入稀釋液 450 mL，
作成 10 倍稀釋檢液。
依序作成 100 倍、1000 倍等稀釋檢液
鑑別試驗
推定試驗
分別吸取 1 mL 稀釋檢液，接種於 LST
試管中，三階三支。
35℃，培養 24～48 hr
觀察是否產生氣體
是
否
產氣試管中取一
白金耳，接種於
BGLB。
陰性
確定試驗
35℃，培養 24～48 hr
觀察是否產生氣體
是
否
陽性
陰性
最確數
依陽性試管數，推算 coliform 之最確數
（MPN/g 或 MPN/mL）。

五、實驗藥品

項次	內容	數量
1	LST 培養液	120mL
2	BGLB 培養液	120mL
3	生理食鹽水	50mL
4	果汁樣品	10 mL
5	蒸餾水	250 mL

六、實驗器材

項次	內容	數量
1	不鏽鋼吸量管殺菌筒（可裝 10 支吸量管者）	1 筒
2	滅菌吸量管（1 mL）	4 支
3	滅菌吸量管（10 mL）	1 支
4	螺紋試管（20 mL）（含蓋）	12 支
5	烘箱（共用）250±2℃	1 台
6	Durham tube	9 支
7	安全吸球	1 個
8	培養箱（共用）37±1℃	1 台
9	試管架	1 個
10	酒精燈	1 個
11	火柴	1 盒
12	標籤紙	適量
13	試劑瓶（50 mL，裝果汁樣品用）	1 個
14	試劑瓶 150～200mL	3 支
15	洗瓶（裝蒸餾水用）	1 個

第三章　食品成分檢測

食品成分係指存在食品的一般成分，如水分、粗蛋白、粗脂肪、粗纖維、灰分及水可溶性非氮化合物等項目，瞭解這些成分有助於對該食品營養價值之進一步認識，因此我們必須瞭解其檢測方法及所代表的意義。

第一節　食品中粗蛋白之測定

蛋白質具構成身體結構成分、生化反應之催化等重要功能，其含量高低影響食品之品質，為食品的重要成分之一，通常可用凱氏（Kjeldahl）定氮法測定，利用高溫在催化劑存在下以硫酸將蛋白質分解並吸收 NH_3 使成硫酸銨，再將之與強鹼作用，藉由水蒸氣蒸餾將 NH_3 餾出並以定量的硫酸或硼酸吸收，利用酸鹼滴定求氮（N）含量。由各食品之氮係數計算 100g 食品之蛋白質含量。其主要反應如下列方程式。

$$\text{蛋白質} \xrightarrow[\text{高溫}]{K_2SO_4\text{、}CuSO_4} (NH_4)_2SO_4+SO_2\uparrow+H_2O\uparrow+CO_2$$

$$(NH_4)_2SO_4 + 2NaOH \xrightarrow[\text{蒸餾}]{} 2NH_4OH + Na_2SO_4 \longrightarrow NH_3\uparrow + H_2O$$

$2NH_3 + H_2SO_4 \longrightarrow (NH_4)_2SO_4$ 半微量法接受液

$3NH_3 + H_3BO_3 \longrightarrow (NH_4)_3BO_3$ 微量法接受液

$2NaOH +$ 殘餘 $H_2SO_4 \longrightarrow Na_2SO_4 + 2H_2O$ 半微量法滴定變化

$(NH_4)_3BO_3 + 3HCl \longrightarrow 3NH_4Cl + H_3BO_3$ 微量法滴定變化

茲簡單說明其操作步驟如下。

一、步驟

1. 分解

　　精確秤取麵粉 0.7～1.0 克，置於分解瓶中，加入分解促進劑（$CuSO_4$: K_2SO_4 = 1 : 10）約 0.5 克及硫酸 20～25 毫升（需在抽風櫥內操作），加入沸石搖勻，置於分解裝置上進行分解，溫度約 390℃-400℃，打開水龍頭抽氣（抽走 CO_2、SO_2），分解過程顏色由深黑→褐→淡黃色至成淡綠或天藍色後，再分解 1 小時放冷後定容至 100 mL。

2. 蒸餾

　　精確量取 0.05N 硫酸溶液 25 毫升，注入蒸餾裝置之受液器中（錐形瓶），加入混合指示劑 2～3 滴，且將冷凝管之末端浸沒液面下。精確量取供試檢液 25 毫升，由小漏斗加入凱氏蒸餾裝置的蒸餾瓶中，並緩慢加入 30%氫氧化鈉溶液 25 毫升，進行水蒸氣蒸餾，至餾出液約 100 毫升後，將冷凝管末端離開液面，再餾取餾出液數毫升後，以少量水沖洗冷凝管末端，洗液併入受液器內，等待滴定。

3. 滴定

　　以 0.05N 氫氧化鈉溶液滴定至檢液紫紅色轉為綠色為止，並應另做空白組試驗對照，分別記錄所消耗之 0.05N 氫氧化鈉之體積（mL）。

備註：

1. 此法食品含氮成分如蛋白質、核酸、生物鹼、尿素……等化合物分解所產生的氮皆含在內故稱粗蛋白。
2. 依樣品含氮量不同，可選擇微量法或半微量法定量。
   半微量法：含氮量 3～5 毫克；微量法：含氮量 1～2 毫克。

二、圖解

1. 分解

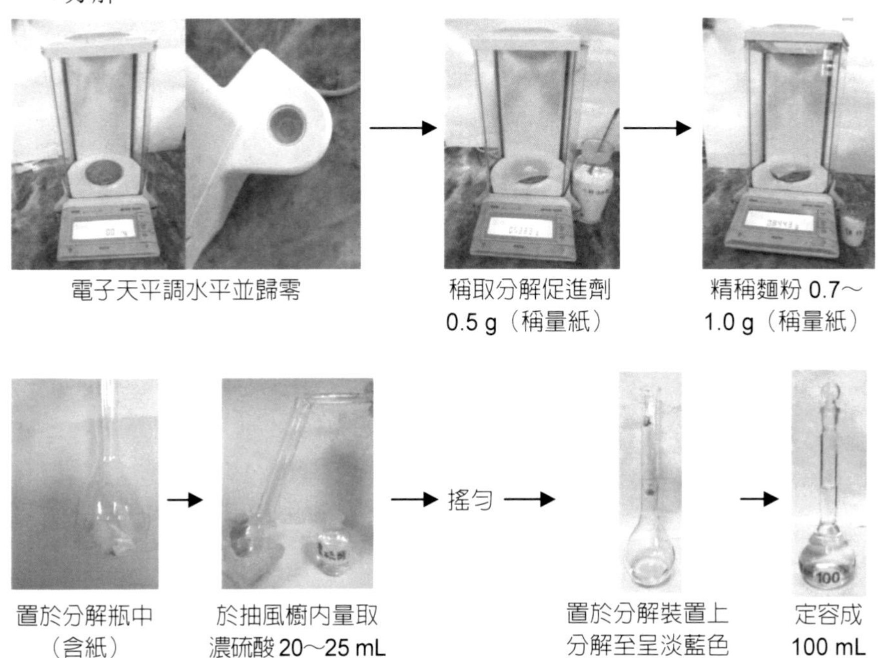

電子天平調水平並歸零

稱取分解促進劑 0.5 g（稱量紙）

精稱麵粉 0.7～1.0 g（稱量紙）

置於分解瓶中（含紙）

於抽風櫥內量取濃硫酸 20～25 mL

置於分解裝置上分解至呈淡藍色

定容成 100 mL

2. 蒸餾

(1) 接受液之配製

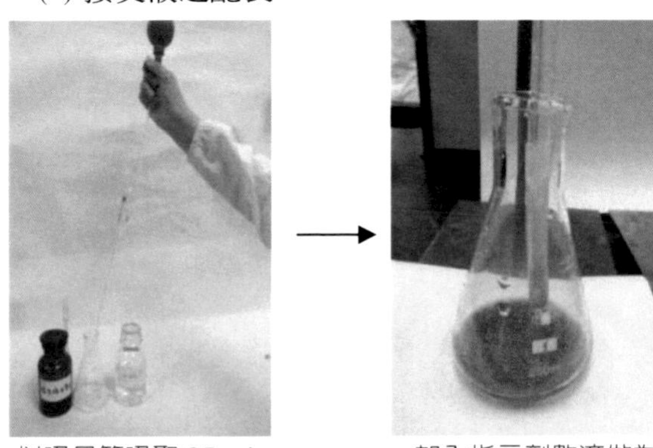

以吸量管吸取 25 mL 0.05N H_2SO_4 入三角燒瓶

加入指示劑數滴做為接受液

(2) 供試檢液

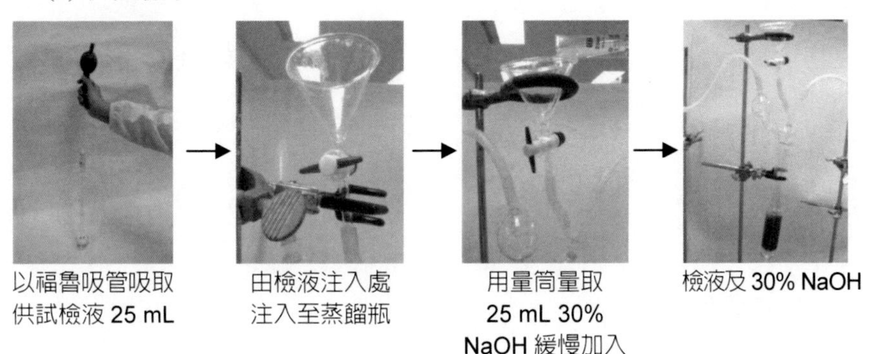

以福魯吸管吸取供試檢液 25 mL → 由檢液注入處注入至蒸餾瓶 → 用量筒量取 25 mL 30% NaOH 緩慢加入 → 檢液及 30% NaOH

(3) 通氣

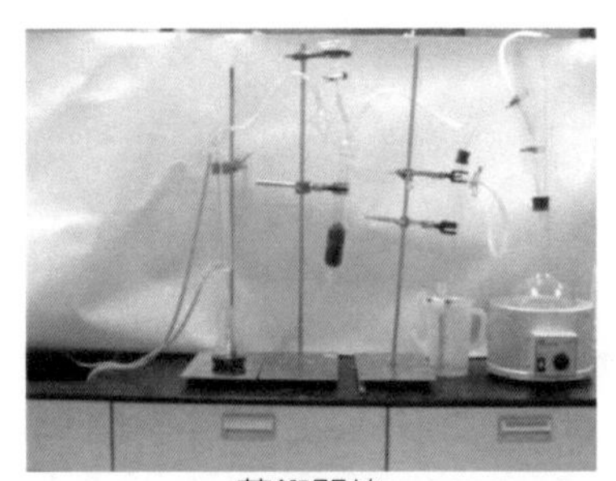

蒸餾開始

→

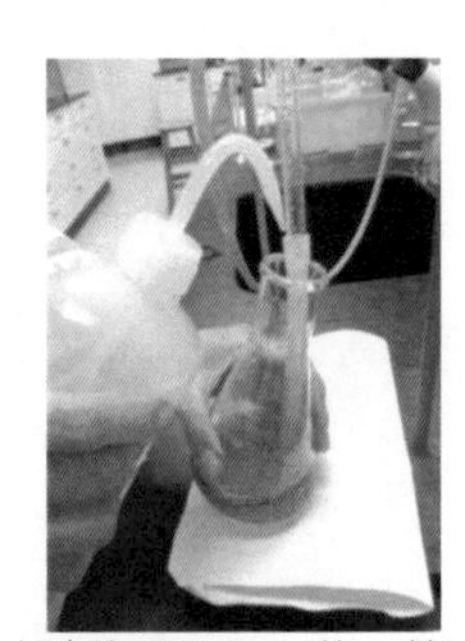

待餾出液約 100 mL 後，使冷凝管末端離開液面以少量水沖洗冷凝管末端併入受液器內，待滴定（另做空白試驗）。

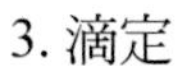

3. 滴定

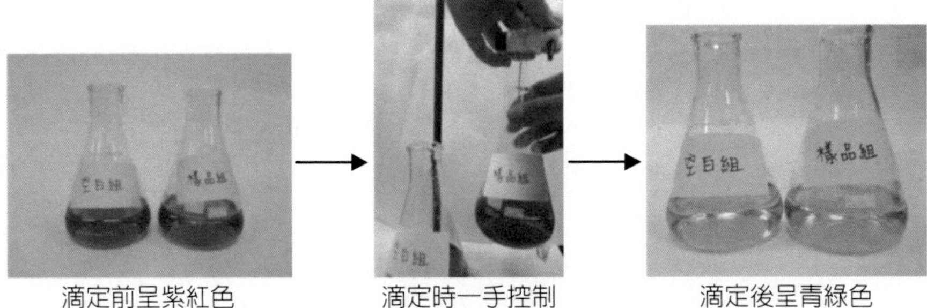

滴定前呈紫紅色 → 滴定時一手控制活塞流速一手搖燒瓶使混勻 → 滴定後呈青綠色

三、結果

以 0.05N NaOH 溶液滴定，滴至檢液由紫紅色轉變為綠色為止，記錄滴定值。

假設

空白組中和時所用的 0.05N NaOH 為 28 mL（b），檢體中和時所用的 0.05N NaOH 為 21.8 mL（a），0.05N NaOH 力價（f）為 0.987，氮係數（N）5.7，稀釋倍數 $\frac{100}{25}$ = 4（I），檢體採取量 1.0472 g（W），則其粗蛋白質含量計算如下。

計算公式

粗蛋白質（%）$= 14 \times 0.05 \times f \times (b\text{-}a) \times \frac{1}{1000} \times$ I（稀釋倍數）$\times$ N（氮係數）$\times \frac{100}{W}$

$$= 14 \times 0.05 \times 0.987 \times (28\text{-}21.8) \times \frac{1}{1000} \times \frac{100}{25} \times 5.7 \times \frac{100}{1.0472}$$

$= 9.33\ \%$（最後答案以小數點後兩位為佳，第三位四捨五入。）

粗蛋白蒸餾裝置圖

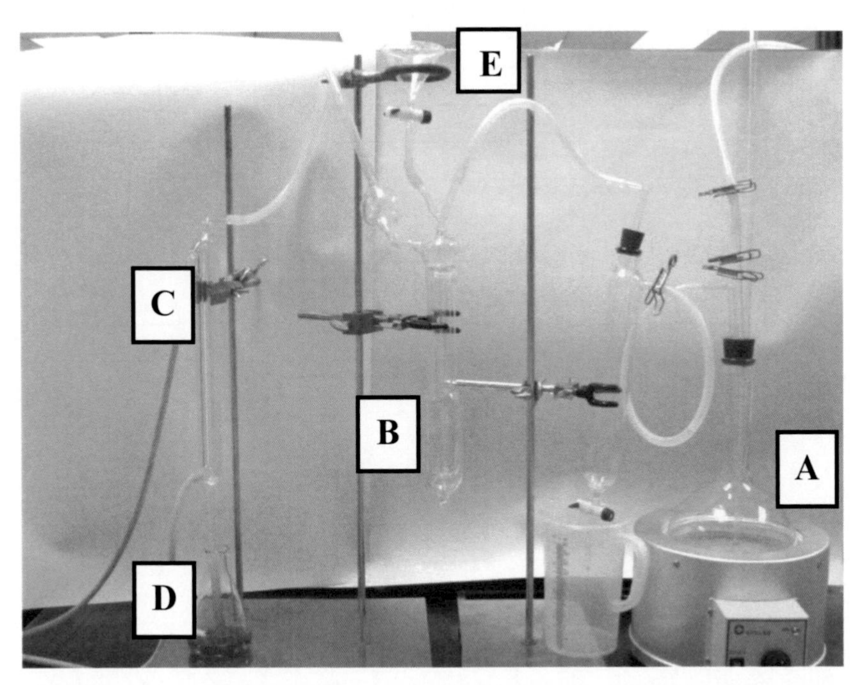

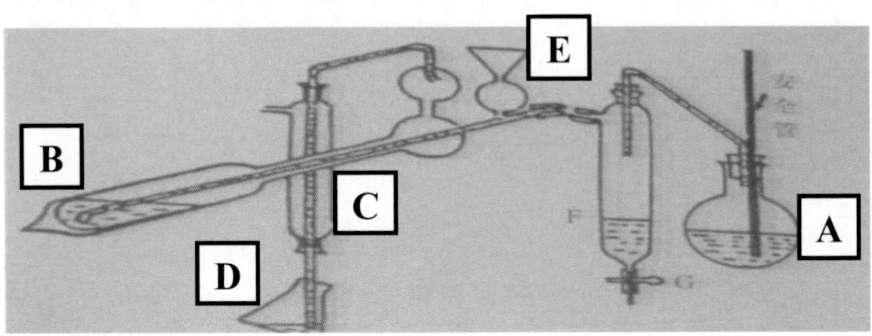

A：水蒸氣發生器

B：蒸餾瓶

C：冷凝管

D：受液器

E：檢液注入處

蒸餾進行順序：B→C→D

四、實驗藥品

項次	內容	數量
1	麵粉檢體	10 g
2	供試檢液（事先分解定容）	30 mL
3	濃硫酸（比重 1.84）	50 mL
4	30% NaOH 溶液	50 mL
5	分解促進劑（硫酸銅：硫酸鉀=1:4）	5 g
6	0.05N 硫酸溶液	50 mL
7	混合指示劑（Brunswik）試劑（甲基紅 0.2 克及亞甲藍 0.1 克溶於 300mL 酒精）	10 mL
8	0.05N NaOH 標準溶液（已標定力價）	100 mL
9	蒸餾水	120 mL

五、實驗器材

項次	內容	數量
1	電子天平（靈敏度可達 0.1 mg 者）	1 台
2	蛋白質分解裝置	1 組
3	凱氏定氮蒸餾裝置（事先組裝）	1 組
4	滴定管（50 mL）	1 支
5	滴定管架（白底）	1 台
6	小漏斗	1 個
7	分解瓶（kjedahl digestion flask, 250 mL）	1 支
8	秤量紙	1 盒
9	量筒（10 mL）	1 支
10	福魯吸管（25 mL）	2 支
11	滴瓶（裝指示劑用 10 mL）	1 個
12	量筒（50 mL）	1 個
13	洗滌瓶（500 mL）	1 個
14	安全吸球	1 個
15	電熱板或電熱包	1 個
16	三角燒瓶（250 mL）	2 支
17	滴管	1 支
18	藥匙	1 支
19	廢液杯（1000 mL）	1 個
20	棉布手套	1 雙
21	沸石	少許
22	橡皮手套	一雙

第二節　食品中粗脂肪之測定

粗脂肪係指可被有機溶劑如乙醚、正己烷、氯仿等溶劑萃取之物質，含甘油酯、脂溶性色素（如葉綠素、類胡蘿蔔素）、脂溶性維生素（A、D、E、K）、卵磷脂、固醇類及揮發性油等非極性物質之總稱，茲簡單介紹其萃取裝置及主要測定流程如下。

一、步驟

1. 精確稱取樣品約 5 公克，每次取少量樣品以研缽及研棒磨碎，加無水硫酸鈉約 10 公克，充分磨碎後，放入圓筒濾紙內。
2. 使用鑷子將研缽及研棒以含無水乙醚之脫脂棉擦拭數次，並將此脫脂棉塞入圓筒濾紙中，再將圓筒濾紙放入萃取管中。
3. 取已恆重之平底燒瓶，加入適量無水乙醚（約 2/3 體積）。
4. 安裝整組粗脂肪萃取裝置後，將之置入水浴鍋，進行迴餾萃取。
5. 迴餾約 8～16 小時後，取出萃取器內之圓筒濾紙，將萃取器再裝好，平底燒瓶於水浴鍋繼續蒸餾並回收乙醚至乾，烘乾後稱重至恆量並計算。
6. 描繪粗脂肪萃取設備的配置圖，並註明各組件名稱及乙醚流向。

二、圖解

1 樣品製備

精確稱取樣品　　以研缽及研棒磨碎　　稱取無水硫酸鈉

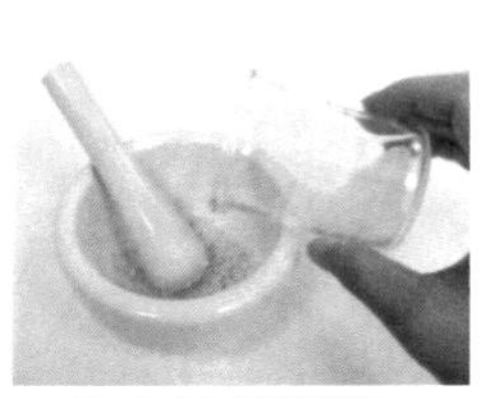

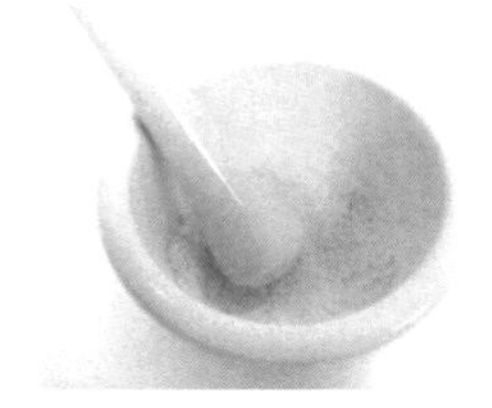

加入無水硫酸鈉 → 充分磨碎後移入圓筒濾紙

以鑷子夾取含無水乙醚之脫脂棉擦拭研棒及研缽 → 將此脫脂棉塞入圓筒濾紙中

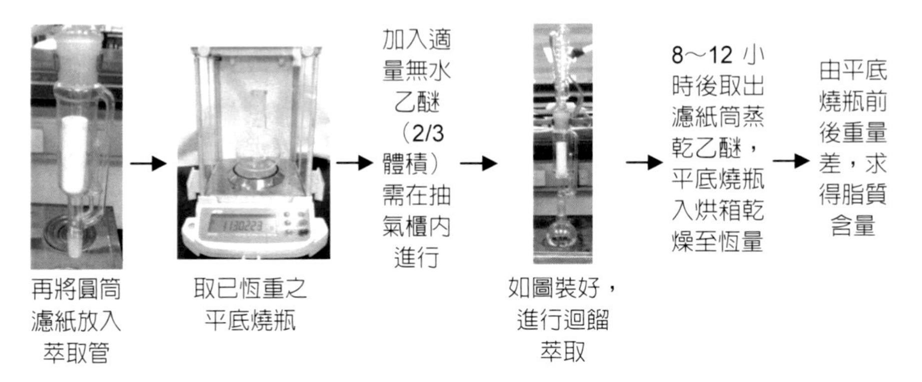

2 描繪索氏萃取器

(1) 萃取器

(2) 乙醚蒸氣上升管路

(3) 虹吸管

(4) 平底燒瓶

(5) 冷凝管

(6) 圓筒濾紙

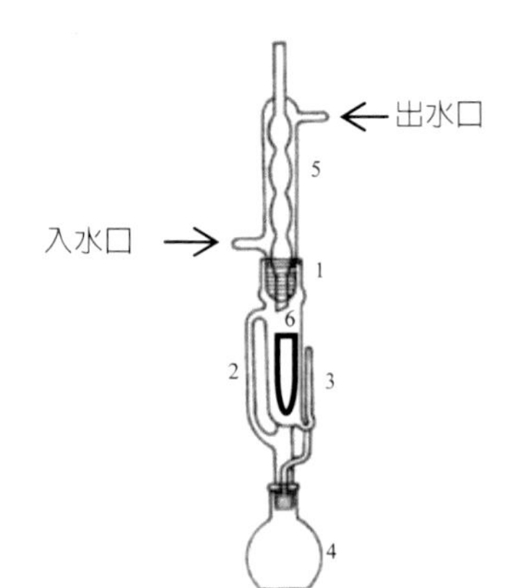

乙醚流向：4 → 2 → 5 → 1 → 6 → 3

三、結果

$$粗脂肪含量（\%）= \frac{(W2-W1)}{W} \times 100$$

W1：平底燒瓶重量

W2：平底燒瓶重量+粗脂肪重量（g）

W：樣品重（g）

假設，樣品重為 5.0103 g，已恆重之平底燒瓶重量為 135.2041 g；進行迴餾萃取後，經蒸乾乙醚，乾燥至恆重之平底燒瓶重量為 137.9056 g。則其粗脂肪含量計算如下：

$$計算公式：粗脂肪含量（\%）= \frac{(W_2-W_1)}{W} \times 100$$

$$= \frac{137.9056-135.2041}{5.0103} \times 100$$

$$= 53.92$$

四、實驗藥品

項次	內容	數量
1	無水乙醚（以酒精取代）	500 mL
2	無水硫酸鈉	20 g
3	芝麻樣品	10 g

五、實驗器材

項次	內容	數量
1	電子天平（靈敏度 0.1 毫克）	1 台
2	索氏（Soxhlet Apparatus）脂肪抽出裝置	1 組
3	水浴鍋	1 個
4	圓筒濾紙	1 個
5	脫脂棉	若干
6	鑷子	1 支
7	毒氣排煙櫃	1 座
8	研缽及研棒	1 組

9	橡皮管	2 條
10	燒杯（100 毫升）	2 個
11	鐵架	1 台
12	鐵夾	2 個
13	電熱板	1 個
14	試藥匙	1 支

第三節　食品中還原醣之定量（Somogyi 法）

醣類分子含有醛基（ $\mathrm{R-\overset{O}{\overset{\|}{C}}-H}$ ）者，具有還原性，Somogyi 法即利用還原力的大小來測定樣品中還原醣含量。樣品加入硫酸銅溶液加熱，銅離子即被還原成氧化亞銅而沉澱，沉澱的氧化亞銅與過量的碘作用，兩者產生氧化還原現象，碘被還原成 I^-，亞銅則被氧化成 Cu^{+2}。剩餘的碘再以硫代硫酸鈉溶液滴定，只要先測 1 毫升硫代硫酸鈉相當於某還原糖之量（mg）即可求出樣品溶液之醣濃度。其反應方程式如下。

$$CuSO_4 + 2NaOH \rightarrow Na_2SO_4 + Cu(OH)_2$$

$$Cu(OH)_2 + R\text{-}CHO \rightarrow Cu_2O + H_2O + R\text{-}COOH$$

Cu^{2+}（藍色）　還原醣（醛基）　Cu^+（紅棕色）　醛基氧化成酸

$$KIO_3 + 5KI + 3H_2SO_4 \rightarrow 3I_2 + 3H_2O + 3K_2SO_4$$

$$Cu_2O + I_2 \rightarrow 2Cu^{2+} + +2I^-$$

$$2Na_2S_2O_3 + \text{剩下 } I_2 \rightarrow Na_2S_4O_6 + 2NaI$$

果汁還原醣含量可依本方法測定，茲將其測定方法簡述於下。

一、步驟

(一) 樣品前處理

1. 使用糖度計測定樣品之糖度。
2. 精稱相當於糖含量 1.0-1.5 g 之樣品，入 250 mL 三角瓶中，加水約 100 mL，電熱板上加熱至沸騰，持續 1 分鐘。

3. 取下三角瓶並加中性醋酸鉛飽和溶液於三角瓶中，至不再生成沉澱為止（約 2 毫升），搖動均勻。
4. 冷卻後移到 250 mL 定量瓶，加水至 250 mL，混合均勻。
5. 以濾紙過濾，得澄清液（置另一 250 mL 定量瓶），取濾液作為檢液。
6. 加草酸鈉或草酸鉀（約 0.1 g）於澄清液中，除去多餘之鉛離子（不需加太多量）。
7. 以濾紙過濾得檢液（只要過濾部分試液即可）。

(二) 還原醣定量：

精確量取澄清濾液 5 mL，以 Somogyi 法測定還原醣。

(1) 量取 Somogyi A 液 10mL 入 150 mL 三角燒瓶，加入試樣溶液及水（使總體積成為 30 mL），加玻璃球蓋（或鋁箔紙）加熱，並控制火力使溶液於 2 分鐘內沸騰，持續沸騰 3 分鐘，以流動冷水立即冷卻。冷卻期間應避免三角瓶之搖動。
(2) 冷卻後加 Somogyi B 液 10 mL 及 Somogyi C 液 10 mL，搖動使沉澱完全溶解後，立刻以 D 液滴定，並以 1%澱粉溶液當指示劑，滴定至碘的褐色消失，變成綠色或綠青色時，應再加 1%澱粉溶液數滴。終點為藍色（碘與澱粉之呈色消失點）。
(3) 另外，以蒸餾水代替試樣溶液，進行空白試驗。
(4) 計算果汁中含糖量。

二、圖解

1. 樣品溶液之前處理

(1) 果汁先測糖度以決定其用量

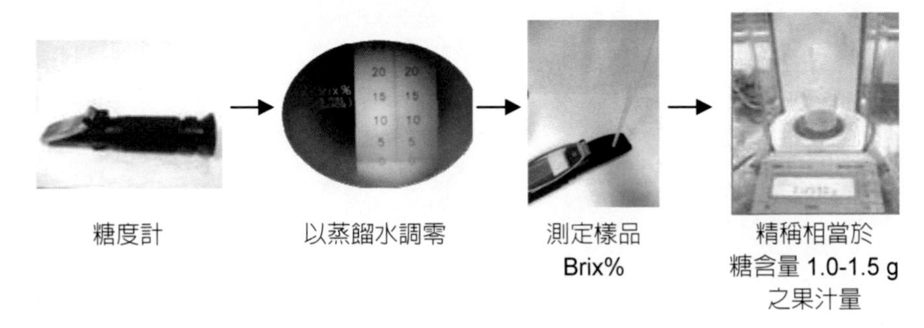

糖度計 → 以蒸餾水調零 → 測定樣品 Brix% → 精稱相當於糖含量 1.0-1.5 g 之果汁量

(2) 果汁前處理

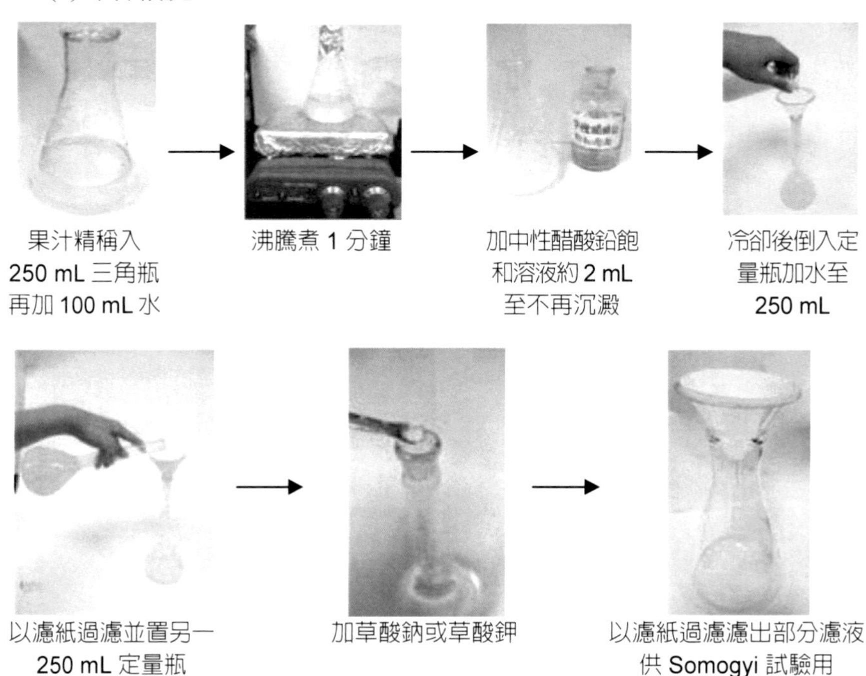

2. Somogyi 法

(1) 加熱處理

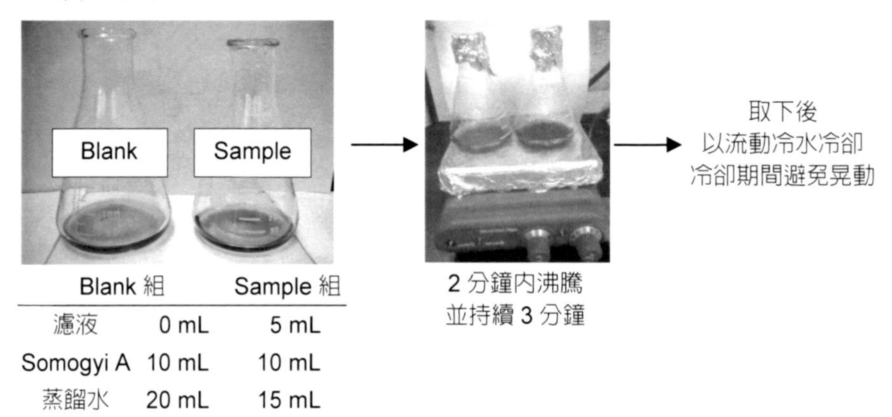

	Blank 組	Sample 組
濾液	0 mL	5 mL
Somogyi A	10 mL	10 mL
蒸餾水	20 mL	15 mL

(2) 滴定

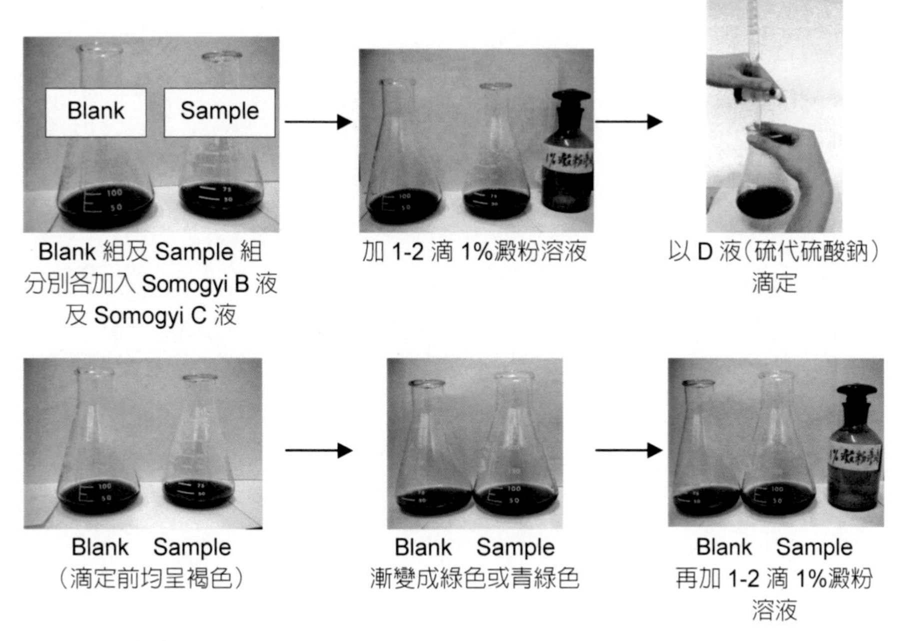

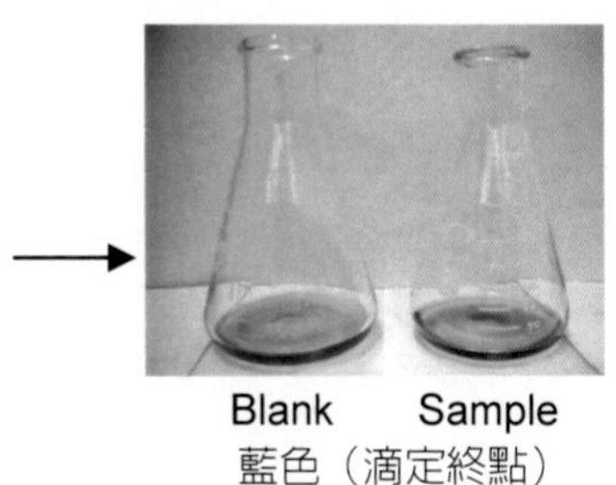

Blank　　Sample
藍色（滴定終點）

三、結果

計算果汁含糖量

公式：

$$還原醣（\%）= S \times (B-N) \times F \text{ x } D \times \frac{1}{1000} \times \frac{1}{W} \times 100$$

B：空白試驗之 D 液滴定 mL 數

F：0.05N 硫代硫酸鈉標定力價

N：樣品溶液之 D 液滴定 mL 數

D：稀釋倍數

W：果汁重量（精秤）

S：0.05N 硫代硫酸鈉 1 mL 所相當之某還原醣之量（mg）

（葡萄糖：1.449 毫克，果糖：1.440 毫克，木糖：1.347 毫克。）

假設：

樣品溶液糖度測定為 3.2%，因為此法約需糖含量 1.0～1.5 g，故依 3.2 : 100 = 1.0～1.5 : X→測得 X = 31.25～46.88 g，設精確秤取 31.2660 g 之果汁，滴定時，樣品組消耗了硫代硫酸鈉 9.7mL、空白組消耗了硫代硫酸鈉 19.0 mL。

D（稀釋倍數）：$\frac{250}{5} = 50$

F（0.05N 硫代硫酸鈉標定力價）：0.939

代入公式：

葡萄糖（%）$= S \times (B - N) \times F \times D \times \frac{1}{1000} \times \frac{1}{W} \times 100$

$= 1.449 \times (19.0\text{-}9.7) \times 0.939 \times \frac{250}{5} \times \frac{1}{1000} \times \frac{1}{31.2660} \times 100$

$= 2.0236 \cong 2.02$

果糖（%）$= 1.44 \times (19.0\text{-}9.7) \times 0.939 \times \frac{250}{5} \times \frac{1}{1000} \times \frac{1}{31.2660} \times 100$

$= 2.0110 \cong 2.01$

木糖（%）$= 1.347 \times (19.0\text{-}9.7) \times 0.939 \times \frac{250}{5} \times \frac{1}{1000} \times \frac{1}{31.2660} \times 100$

$= 1.8811 \cong 1.88$

四、實驗藥品

項次	內容	數量
1	果汁樣品	50 mL
2	中性醋酸鉛飽和溶液：加入中性醋酸鉛（$Pb(CH_3COO)_2 \cdot H_2O$）至 100 mL 水，攪拌至有結晶析出。	30 mL

3	草酸鉀（$K_2C_2O_4 \cdot H_2O$）或草酸鈉（$Na_2C_2O_4 \cdot H_2O$）	10 g
4	Somogyi 試藥（A、B、C、D 液）	50 mL
	A 液：(1) 取 90 g 酒石酸鉀鈉（$KNaC_4H_4O_6 \cdot 4H_2O$）與 225 g 磷酸鈉（$Na_3PO_4 \cdot 12H_2O$）溶於約 600 mL 水。 (2) 取 30 g 硫酸銅（$CuSO_4 \cdot 5H_2O$）溶於約 100 mL 水。 (3) 取 3.5 g 碘酸鉀（KIO_3）溶於少量水。 將上述三種溶液混合後加水至 1000 mL。	50 mL
	B 液：取 90 g 草酸鉀及 40 g 碘化鉀（KI）溶於水至 1000 mL。	50 mL
	C 液：2N 硫酸溶液。	50 mL
	D 液：0.05N 硫代硫酸鈉（$Na_2S_2O_3$）溶液（已標定力價）。	50 mL
5	指示劑：1%澱粉溶液	10 mL

五、實驗器材

項次	內容	數量
1	本生燈（或加熱板）	1 個
2	滴定管（50 mL）	1 支
3	滴定管架（附夾子）	1 座
4	濾紙（NO.1）	5 張
5	三角瓶（150 mL，附玻璃球蓋或鋁箔紙）	2 個
6	三角瓶（250 mL）	2 個
7	定量瓶（250 mL）	2 個
8	吸量管（5 mL）、吸量管（10 mL）	2 支、1 支
9	燒杯（50 mL）、燒杯（1000 mL）	各 1 個
10	量筒（100 mL）	1 支
11	糖度計（0-32 ^{o}Brix）	1 支
12	計時器	1 個
13	滴管	3 支
14	安全吸球	1 個
15	電子天平（共用，靈敏度 0.1 mg）	1 台
16	三腳架及石棉心網（如提供加熱板則免）	各 1
17	小漏斗（直徑 5 cm）、試藥匙、玻棒	各 1 支
18	洗滌瓶（500 mL）	1 個
19	棉手套	1 雙

第四節　食品中還原醣之定量（Bertrand 法）

樣品中還原醣含量除可利用 Somogyi 法，尚可依 Bertrand 法加以定量，此法乃依據含醛基的還原醣將 Cu^{2+}還原成 Cu^{+}，以 $Fe_2(SO_4)_3$ 之酸性溶液將 Cu^{+}氧化成 Cu^{2+}，$Fe_2(SO_4)_3$ 則被還原為 $FeSO_4$，再以 0.5N $KMnO_4$ 滴定，兩者產生氧化還原反應，Fe^{+2} 被氧化成 Fe^{+3}，過錳酸鉀之 Mn^{+7} 則被還原成 Mn^{+2}，記錄所需 $KMnO_4$ 之量。事先求算出 1 mL $KMnO_4$ 所相當之銅量，由 $KMnO_4$ 滴定值求得樣品溶液相當於醣的銅量，再由 Bertrand 法醣量與銅量相對表換算所相當之還原醣量（mg），反應式如下：

$$Cu(OH)_2 + R-\overset{\overset{\displaystyle O}{\|}}{C}-H \rightarrow Cu_2O + 2H_2O + R\text{-}COOH$$

$$Cu_2O + Fe_2(SO_4)_3 + H_2SO_4 \rightarrow 2FeSO_4 + 2CuSO_4 + H_2O$$

$$10FeSO_4 + 2KMnO_4 + 8H_2SO_4 \rightarrow 5Fe_2(SO_4)_3 + 2MnSO_4 + K_2SO_4 + 8H_2O$$

$$5Cu_2O + 13H_2SO_4 + 2KMnO_4 \rightarrow 10CuSO_4 + 13H_2O + 2MnSO_4 + K_2SO_4$$

茲將其測定方法簡述於下。

一、步驟

1. 使用糖度計測定樣品之含糖量，取含糖量在 0.1 克以下之樣品，置於 250 毫升之三角瓶中。
2. 加入 20 毫升 A 液，20 毫升 B 液，混合均勻，加熱至沸騰，持續 3 分鐘。
3. 冷卻後，倒入白瓷漏斗進行抽氣過濾，濾紙需緊密貼著漏斗及所有洞口。
4. 以溫水緩慢洗滌白瓷漏斗上之沉澱物，直到濾液不呈鹼性。
5. 將白瓷漏斗濾紙上的沉澱物以 20 毫升 C 液分次洗入另一乾淨的三角瓶中，直到沉澱物完全溶解。
6. 以高錳酸鉀溶液滴定至微紅色止，紀錄高錳酸鉀消耗量，設為 a 毫升。
7. 取等量 C 液於三角瓶內，加蒸餾水至與以上檢液相等的容量，為空白試驗，以高錳酸鉀溶液滴定至微紅色，記錄所需高錳酸鉀的量，設為 b 毫升。
8. 測定：1 mL 高錳酸鉀溶液所相當的銅量，以 D 值表示。
9. 計算：樣品之還原糖含量。

二、圖解

1. 樣品溶液前處理

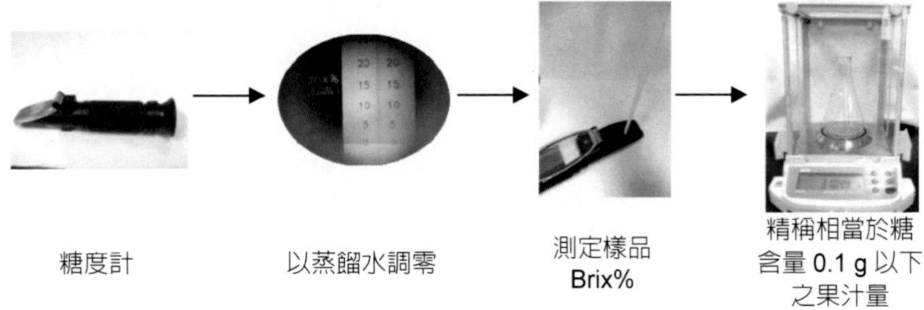

糖度計 → 以蒸餾水調零 → 測定樣品 Brix% → 精稱相當於糖含量 0.1 g 以下之果汁量

2. 供試檢液製備

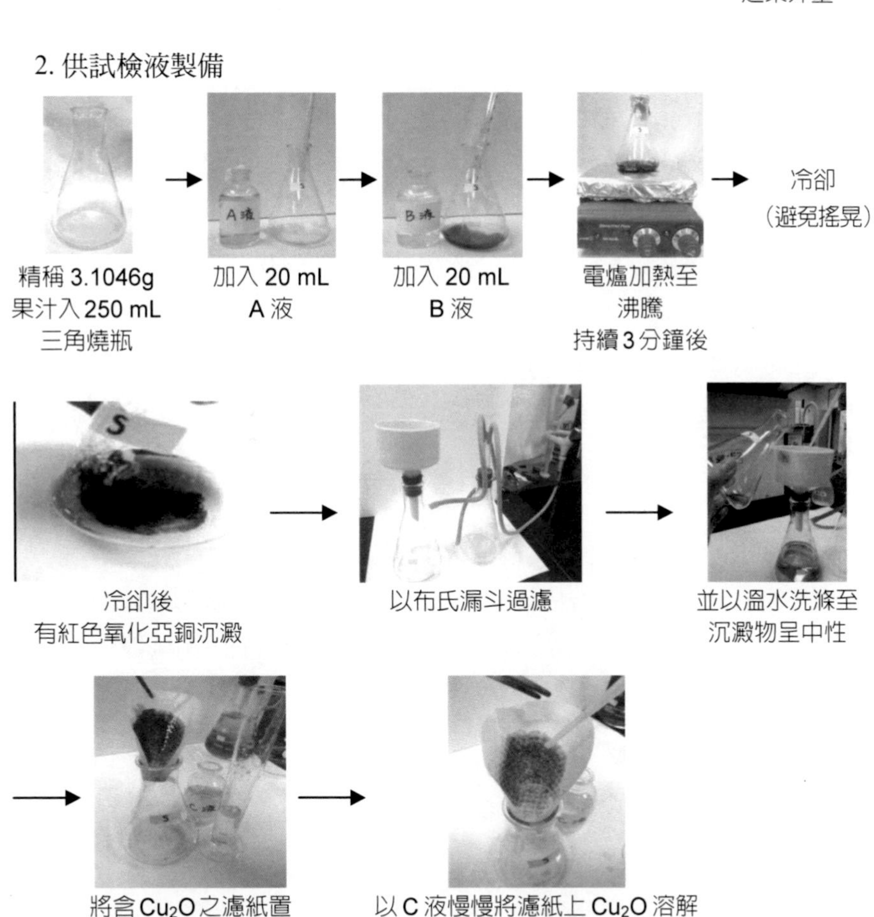

精稱 3.1046g 果汁入 250 mL 三角燒瓶 → 加入 20 mL A 液 → 加入 20 mL B 液 → 電爐加熱至沸騰持續 3 分鐘後 → 冷卻（避免搖晃）

冷卻後有紅色氧化亞銅沉澱 → 以布氏漏斗過濾 → 並以溫水洗滌至沉澱物呈中性

→ 將含 Cu_2O 之濾紙置適中之玻璃漏斗上 → 以 C 液慢慢將濾紙上 Cu_2O 溶解至三角燒瓶做為供試液

3. 滴定

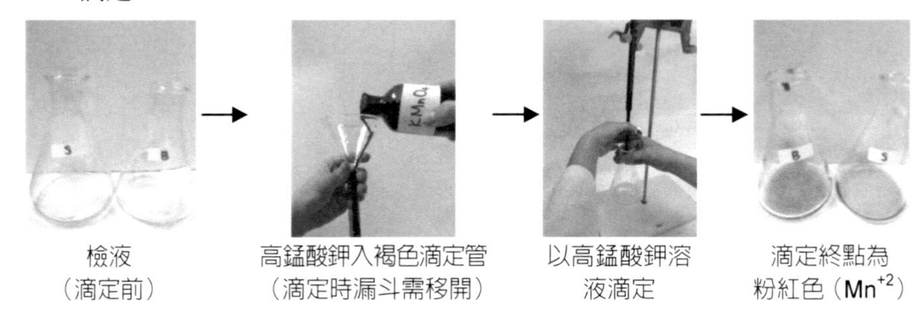

檢液（滴定前）→ 高錳酸鉀入褐色滴定管（滴定時漏斗需移開）→ 以高錳酸鉀溶液滴定 → 滴定終點為粉紅色（Mn^{+2}）

三、結果

1. 由高錳酸鉀消耗量計算檢液相當於醣之銅量（C）

假設

果汁之糖度3.2%，因為此法約需糖含量0.1 g以下，故依3.2 : 100 = 0.1 : X 測得 X = 3.125 g，如樣品精稱 3.1041 克，空白組取與樣品組等量 C 液，加蒸餾水至與檢液相等之容積。滴定時樣品組消耗了高錳酸鉀 6.4 mL（a），空白組消耗了高錳酸鉀 0.1 mL（b）。

設 D=10.1；即 $KMnO_4$ 1 mL 相當於銅量為 10.1 mg，則檢液所相當之銅量（C），其計算公式如下：

$C = (a-b) \times D$

$= (6.4-0.1) \times 10.1$

$= 63.63$……檢液相當之銅量（mg）

2. 依銅量比對 Bertrand 法醣類糖量和銅量之相對表，換算並計算檢液之含糖量%，樣品中相當於銅含量為 63.63mg，由糖量和銅量之相對表依內插法，求得樣品中相當之轉化醣含量為 32.32 毫克（S）。

   計算公式如下：

   $63.0 : 32 = 63.63 : X$

   $$X=\frac{32\times 63.63}{63.0}$$

   $=32.32$

   而此轉化糖占樣品百分比可依下列公式計算。

樣品含轉化糖（%）$= S \times D.F \times \frac{1}{1000} \times \frac{1}{W} \times 100$

$= 32.32 \times 1 \times \frac{1}{1000} \times \frac{1}{3.1041} \times 100$

$= 1.04$

如要換算為葡萄糖含量百分比，仍依銅含量 63.63 mg ，再由糖量和銅量之相對表依內插法，求得葡萄糖為 32.51 毫克（S）。

計算式如下：

$64.6 : 33 = 63.63 : X$

$X = \frac{33 \times 63.63}{64.6.6}$

$= 32.51$

而該葡萄糖佔樣品百分比依下列公式計算得 1.047%。

樣品含葡萄糖（%）$= S \times D.F \times \frac{1}{1000} \times \frac{1}{W} \times 100$

$= 32.51 \times 1 \times \frac{1}{1000} \times \frac{1}{3.1041} \times 100$

$= 1.047$

◆注意事項：

(1)糖度計使用前一定要用蒸餾水校正。

(2)果汁加入等量 A 液及 B 液後，加熱至沸騰，持續 3 分鐘溶液顏色應為藍色，沉澱物顏色為紅色，以 C 液溶解後之濾液顏色應為綠色。

(3)Cu_2O 洗至中性的方法：以溫蒸餾水緩慢洗滌附在白瓷漏斗濾紙上之 Cu_2O，或三角瓶底之紅色沉澱物，直到濾液不呈鹼性。

(4)濾紙上的 Cu_2O 用 C 液完全洗下。

(5)白瓷抽氣過濾使用中止前，一定要先破真空。

四、實驗藥品

項次	內容	數量
1	A 液，$CuSO_4$ 溶液：40 克 $CuSO_4 \cdot 5H_2O$ 溶於蒸餾水中，稀釋至 1 公升。	60 mL
2	B 液，Tartaric acid 溶液：200 克 K,Na-tartarate、150 克 NaOH 溶於蒸餾水中，稀釋至 1 公升。	60 mL

3	C 液，$Fe_2(SO_4)_3$ 溶液：50 克 $Fe_2(SO_4)_3$ 溶於 200 毫升濃 H_2SO_4，以水稀釋至 1 公升。	60 mL
4	高錳酸鉀溶液：5 克高錳酸鉀溶於蒸餾水稀釋為 1 公升	100 mL
5	果汁樣品：柳橙汁	100 mL

五、實驗器材

項次	內容	數量
1	電子天平（靈敏度可達 0.1 mg 者）	1 台
2	剪刀	1 支
3	抽氣過濾裝置（布氏漏斗、過濾瓶、抽氣唧桶）	1 組
4	濾紙（NO1）	1 盒
5	滴定管（褐色）	1 支
6	滴定管架（白色底座）附滴定管夾	1 座
7	打火機（或火柴）	1 支（盒）
8	刻度吸管（10 mL）	3 支
9	糖度計（0～32 °Brix）	1 支
10	量筒（50 mL）	1 支
11	廣用試紙	1 盒
12	漏斗（直徑 5 cm）	1 個
13	玻棒（0.2x10 cm）	1 支
14	本生燈（或加熱板）	1 組
15	三腳架及石棉網（如加熱板則免）	各 1 個
16	醣類比對表（銅含量）	1 張
17	洗滌瓶（500 mL）	1 個
18	安全吸球	1 個
19	棉手套	1 雙
20	試劑瓶（500 mL）	5 支
21	燒杯（1000 mL 及 50 mL）	各 1 個
22	錐形瓶（100 mL 或 125 mL）	4 個
23	鋁箔紙	1 卷
24	丟棄式滴管	4 支
25	鑷子	1 支
26	計時器	1 個

Bertrand 法醣類糖量和銅量之相對表

醣類 (mg)	各醣類所相當的銅重量				醣類 (mg)	各醣類所相當的銅重量			
	轉化糖	葡萄糖	麥芽糖	乳糖		轉化糖	葡萄糖	麥芽糖	乳糖
10	20.6	20.4	11.2	14.4	56	105.7	105.8	61.4	76.2
11	22.6	22.4	12.3	15.8	57	107.4	107.6	62.5	77.5
12	24.6	24.4	13.4	17.2	58	109.2	109.3	63.5	78.8
13	26.5	26.3	14.5	18.6	59	110.9	111.1	64.6	80.1
14	28.5	28.3	15.6	20.0	60	112.6	112.8	65.7	81.4
15	30.5	30.2	16.7	21.4	61	114.3	114.5	66.8	82.7
16	32.5	32.2	17.8	22.8	62	115.9	116.2	67.9	82.9
17	34.5	34.2	18.9	24.2	63	117.6	117.9	68.9	85.8
18	36.4	36.2	20.0	25.6	64	119.2	119.6	70.0	86.5
19	38.4	38.1	21.1	27.0	65	120.9	121.9	71.1	87.7
20	40.4	40.1	22.2	28.4	66	112.6	123.0	72.2	89.9
21	42.2	42.0	23.3	29.8	67	124.2	124.7	73.3	90.3
22	44.2	43.9	24.4	31.1	68	125.9	126.4	74.3	91.6
23	46.1	45.8	25.5	32.5	69	127.5	128.1	75.4	92.8
24	48.0	47.7	26.6	33.9	70	129.2	129.8	76.5	94.1
25	49.8	49.6	27.7	35.2	71	130.8	131.4	77.6	95.4
26	51.7	51.5	28.9	36.6	72	132.4	133.1	78.6	96.9
27	53.6	53.4	30.0	38.0	73	134.0	134.7	79.7	98.0
28	55.5	55.3	31.1	39.4	74	135.6	136.3	80.8	99.1
29	57.4	57.2	32.2	40.7	75	137.2	137.9	81.8	100.4
30	59.3	59.1	33.3	42.1	76	138.9	139.6	82.9	101.7
31	61.1	60.9	34.4	43.4	77	140.5	141.2	84.0	102.6
32	63.0	62.8	35.5	44.8	78	142.1	142.8	85.1	104.2
33	64.8	64.6	36.5	46.1	79	143.7	144.5	86.1	105.4
34	66.7	66.5	37.6	47.4	80	145.3	146.1	87.2	106.7
35	68.5	68.3	38.7	48.4	81	146.9	147.7	88.3	107.9
36	70.3	70.1	39.8	50.1	82	148.5	149.3	89.4	109.2
37	72.2	72.0	40.9	51.4	83	150.0	150.9	90.4	110.4
38	74.0	73.8	41.9	52.7	84	151.6	152.5	91.5	111.7
39	75.9	75.7	43.0	54.1	85	153.2	154.0	92.6	112.9
40	77.7	77.5	44.1	55.4	86	154.8	155.6	93.7	114.1
41	79.5	79.3	45.2	56.7	87	156.4	157.2	94.8	115.4
42	81.2	81.1	46.3	58.0	88	157.9	158.3	95.8	116.6
43	83.0	82.9	47.4	59.3	89	159.5	160.4	96.9	117.9
44	84.4	84.7	48.5	60.6	90	161.1	162.0	98.0	119.1
45	86.5	86.4	49.5	61.9	91	162.6	163.6	99.0	120.3
46	88.3	88.2	50.6	63.3	92	164.2	165.2	100.1	121.6
47	90.1	90.0	51.7	64.6	93	165.7	166.7	101.1	122.8
48	91.9	91.8	52.8	65.9	94	167.3	168.3	102.2	124.0
49	93.6	93.6	53.9	67.2	95	168.8	169.9	103.2	125.2
50	95.4	95.4	55.0	68.5	96	170.3	171.5	104.2	126.5
51	97.1	97.1	56.1	69.8	97	171.9	173.1	105.3	127.7
52	98.8	98.9	57.1	71.1	98	173.4	174.6	106.3	128.9
53	100.6	100.6	58.2	72.4	99	175.0	176.2	107.4	130.2
54	102.2	102.3	59.3	73.7	100	176.5	177.8	108.4	131.0
55	104.1	104.1	60.3	74.9					

第五節　食品中維生素 C 之測定

維生素 C 有還原型及氧化型兩種，還原型維生素 C 具抗氧化作用，可將氧化型且呈藍色的 2,6-dichloroindophenol 還原成無色，當所有還原型維生素 C 都耗盡時，若再滴加藍色的氧化型 2,6-dichloroindophenol，樣品溶液，因偏磷酸使鹼性變酸性並呈現紅色（即為滴定終點）。其反應式如下。

2,6-dichloroindo phenol 氧化型　藍色 + Vitamin C 還原型 ⇌ + 2,6-dichloroindo phenol 還原型　無色

故為瞭解食品之維生素 C 含量，常以 Indophenol 滴定，茲將其簡單測定法分述於下。

一、步驟

1. Indophenol 溶液的製備

   18 mg $NaHCO_3$ 溶於 50 mL 溫水後，倒入定量瓶中，加 20 mg 2,6-di-chloroindophenol 劇烈振盪使溶解，並且定容至 100 mL，過濾，將濾液儲存於褐色試液瓶備用。

2. 維生素 C 標準溶液的製備

   精稱約 25～30 mg 試藥級維生素 C，加入 HPO_3-HOAC 溶液並且定容至 50 mL。

3. 測定 1 mL Indophenol 溶液相當於維生素 C 的 mg 數

   精確量取 2 mL 維生素 C 標準溶液，加 5 mL HPO_3-HOAC混合均勻，以 Indophenol 滴定，同時作空白試驗（取 7 mL HPO_3-HOAC溶液，分別記錄滴定值。

4. 檸檬汁中維生素 C 的測定

　　檸檬汁混合均勻過濾，取 6 mL，加入等量 HPO_3-HOAC 溶液，即為樣品液。

Sample 組：精確量取 10 mL 樣品液，加 5 mL HPO_3-HOAC 溶液。

Blank 組：取 10 mL 蒸餾水，加 5 mL HPO_3-HOAC 溶液。

5. 滴定

　　以 Indophenol 溶液滴定，並計錄滴定值。

二、圖解

1. 測定 1 mL Indophenol 溶液相當於維生素 C 的 mg 數

(1) Indophenol 溶液之製備

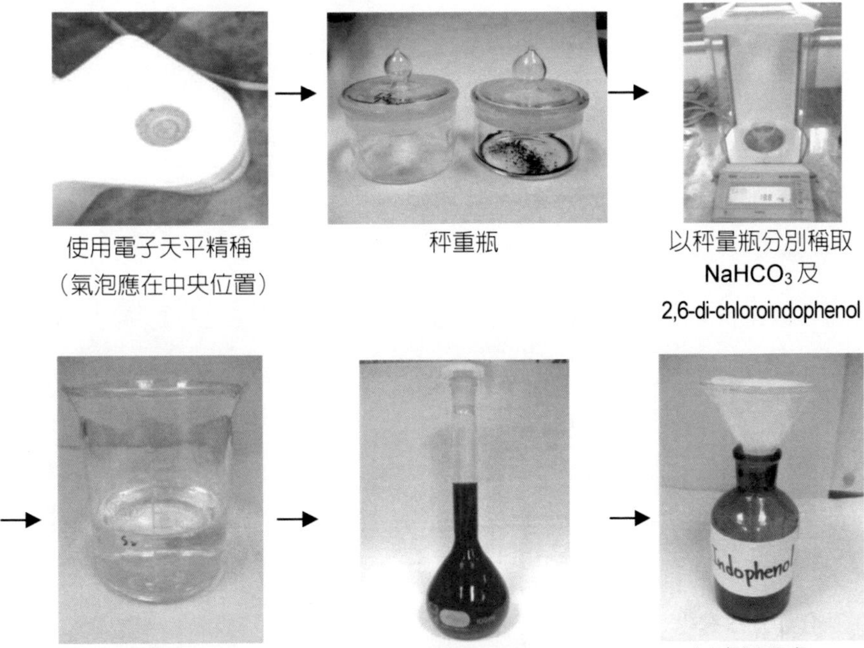

使用電子天平精稱（氣泡應在中央位置）→ 秤重瓶 → 以秤量瓶分別稱取 $NaHCO_3$ 及 2,6-di-chloroindophenol

→ $NaHCO_3$ 溶於 50 mL 溫水 → 倒入定量瓶中再加入 2,6-di-chloroindophenol 劇烈振盪溶解以蒸餾水定容至 100 mL → 以濾紙過濾，濾液儲存於褐色試液瓶備用

(2) 維生素 C 標準溶液之製備

以電子天平精秤
維生素 C 25～30 mg

→

以 HPO_3-HOAC 溶液
定容至 50 mL

→ 混合均勻

(3) 滴定

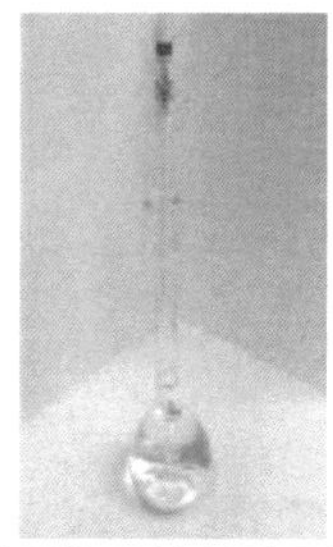

以福魯吸管精確量取
2 mL 維生素 C 標準溶液

→
同時作空白試驗

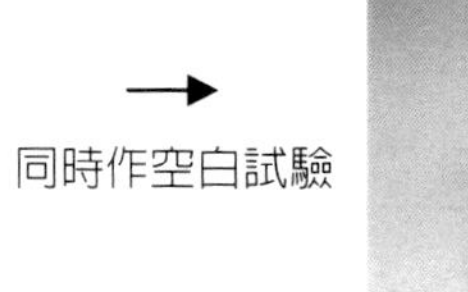

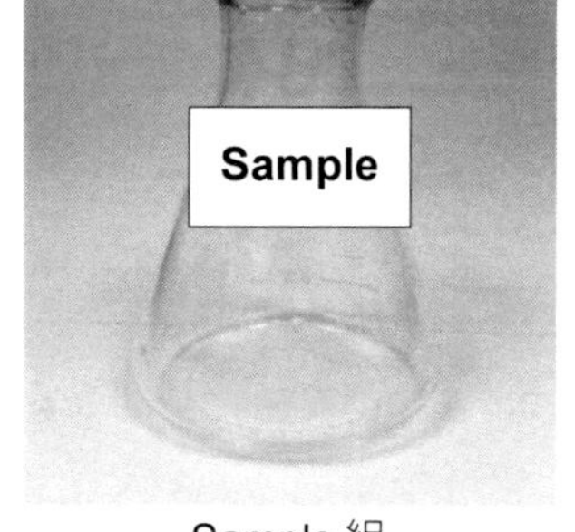

Sample 組
精取 2 mL 維生素 C 標準溶液
加 5 mL HPO_3-HOAC

Blank 組
精取 7 mL HPO_3-HOAC 溶液

滴定

褐色滴定管
以 Indophenol（藍色）滴定

終點 →

觀察滴定終點-玫瑰粉紅色
（設滴定值為 12.6 mL）

觀察滴定終點-玫瑰粉紅色
（設滴定值為 0.2 mL）

2. 檸檬汁中維生素 C 的測定

(1) 檸檬汁處理

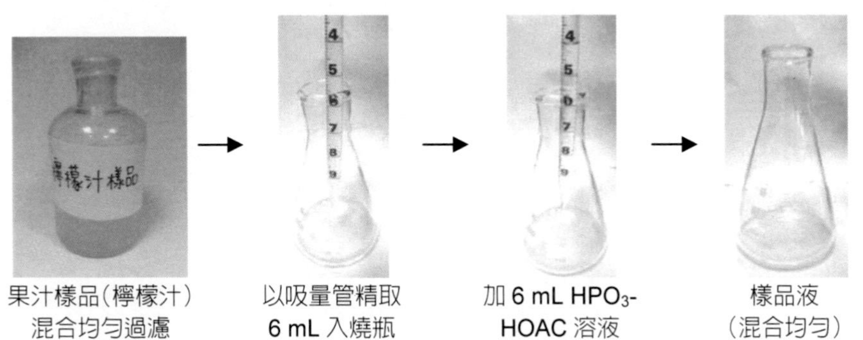

果汁樣品（檸檬汁）混合均勻過濾 → 以吸量管精取 6 mL 入燒瓶 → 加 6 mL HPO_3-HOAC 溶液 → 樣品液（混合均勻）

(2) 滴定（同時作空白組）

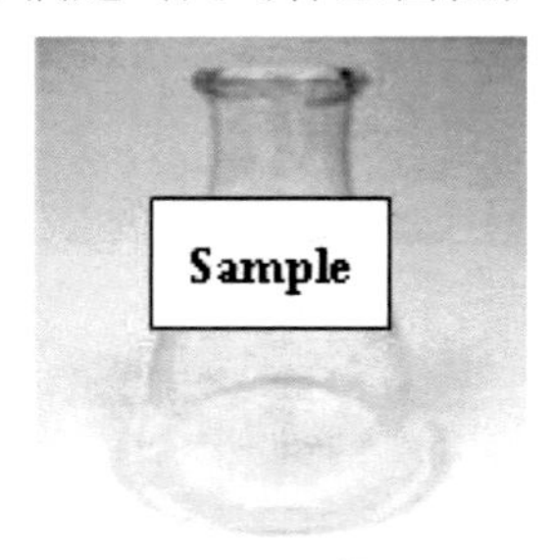

Sample 組
精確量取 10 mL 樣品液
加 5 mL HPO_3-HOAC 溶液

Blank 組
精確量取 10 mL 蒸餾水
加 5 mL HPO_3-HOAC 溶液

滴定
→

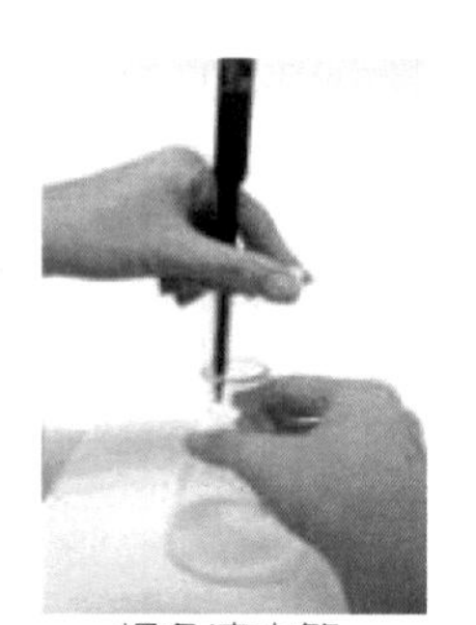

褐色滴定管
以 Indophenol（藍色）滴定

終點
→

觀察滴定終點-玫瑰粉紅色
（設滴定值為 32.0 mL）

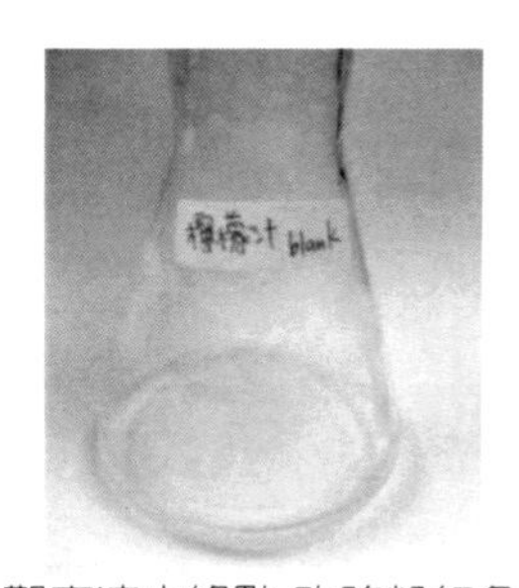

觀察滴定終點-玫瑰粉紅色
（設滴定值為 0.2 mL）

三、結果

1. 1 mL Indophenol 標準溶液相當於維生素 C 之含量

假設，維生素 C 標準溶液 50 mL 中含維生素 C 26.0 mg。以 Indophenol 溶液滴定，2 mL 維生素 C 溶液消耗 12.6 mL Indophenol，空白組消耗 0.2 mL Indophenol。

因配製的維生素 C 標準溶液濃度為 $\frac{26.0}{50} = 0.52$ (mg/mL)

維生素 C 標準溶液 2 毫升含維生素 C　$0.52 \times 2 = 1.04$ mg

Indophenol 標準溶液 1 毫升相當於 0.0839 mg 的維生素 C

計算公式：$K = \frac{26.0 \times \frac{2}{50}}{12.6-0.2}$

$= 0.0839$ mg VitC/1mL Indophenol

2. 檸檬汁中維生素 C 之含量

假設樣品液 10 毫升消耗 Indophenol 32.0 mL（a），空白試驗消耗 Indophenol 0.2 mL（b），樣品液 10 毫升含維生素 C 之毫克數？

可依下列計算式：

維生素 C（含量）$=(a - b) \times K$

$=(32.0 - 0.2)$ mL $\times$ 0.0839 mg/mL = 2.6680 mg

每毫升檸檬汁消耗 Indophenol　6.36 mL，含維生素 C 0.5336 mg。

計算公式：(1) $\frac{(a-b)}{\frac{10}{2}} = \frac{(32.0-0.2)}{\frac{10}{2}} = 6.36$ mL

(2) $\frac{(a-b)}{\frac{10}{2}} \times k = \frac{(32.0-0.2)}{\frac{10}{2}} \times 0.0839 = 0.5336$ (mg/mL)

四、實驗藥品

項次	內容	數量
1	檸檬汁檢體	50 mL
2	維生素 C	100 mg
3	HPO_3-$HOAC$ 溶液	150 mL

4	以 15g 偏磷酸（HPO_3）加 40 mL 冰醋酸（HOAC）及 200 mL 蒸餾水，混合後以蒸餾水稀釋至 500 mL。	
5	2,6-dichloroindophenol	60 mg
6	$NaHCO_3$	50 mg

五、實驗器材

項次	內容	數量
1	電子天平（共用，靈敏度 0.1 mg）	1 台
2	滴定管（50 mL）	1 支
3	滴定管架（白色底座）附滴定管夾	1 座
4	試液瓶（250 mL 褐色）	1 個
5	定量瓶（50 mL、100 mL）	各 1 個
6	小漏斗（直徑 5 cm）	1 個
7	大漏斗（直徑 6 cm）	1 個
8	量筒（10 mL）	1 支
9	刻度吸量管（5 mL、10 mL）	各 2 支
10	安全吸球	1 個
11	三角瓶（50 mL）	4 個
12	攪拌棒	1 支
13	濾紙（直徑 9 及 11 cm）	各 2 張
14	福魯吸管（2 mL）	1 支
15	稱量瓶（10 mL）	2 個
16	燒杯（100 mL）	1 個
17	稱量紙	適當
18	微量藥匙	3 支
19	丟棄式吸管	2 支

第四章　食品品質檢測

食品品質是指食品品質地優劣程度，它受到影響食品品質的三大因子即化學性、物理性及生物性等影響，這些劣變將受水分／水活性、空氣／氧氣、溫度、酸鹼度、光線、微生物、酵素、動物與蟲害等影響。為維持一定的食品品質必須從原料生產到餐桌供應等整個環結重視其可能存在的風險，並加以防患未然，以符合市場期待與要求。由於，蛋白質、醣類及油脂在食品中屬於巨量之營養素；這些營養素，特別是蛋白質及脂質，如產生劣變將深深影響食品之品質。

為瞭解食品品質可利用甲醛檢測食品含氨基及胺基態氮之量，以酸鹼滴定求得游離脂肪酸之量，氧化還原反應求得過氧化物之量及硫巴比妥酸（Thiobarbituric Acid）檢測丙二醛含量等，如前述含量增加表示其品質低落，可提供廠家作為品質改善之重要參考資料。

茲簡單說明各方法之檢測流程如下。

第一節　食品中甲醛態氮之測定

凱氏定氮法可測得食品粗蛋白質含量，粗蛋白質的氮量減去純蛋白質的氮量，即為非蛋白質的氮量，它包含胺基酸、醯胺及氨等之氮量。胺基酸之氮量可由甲醛滴定法求得，利用甲醛之醛基可以與 peptide 之胺基作用，並放出氫使溶液 pH 值下降，利用滴定法以 NaOH 調整其 pH 值，以 pH meter 測定其 pH 值變化，仔細觀察 pH 值回復到原來的 pH 值時所消耗的 NaOH 量，計算其用量並據以計算樣品之甲醛態氮 mg%。

甲醛態氮＝胺基態氮

★ 氨態氮：揮發性鹼基態氮，有來自工業廢水、糞便。

★ 胺基態氮：游離胺基酸分子內胺基，來自蛋白質水解液。

備註：

一般醬油之品質		
等級	總氮量	胺基態氮
	g /100 mL	
甲級品	1.4	0.55
乙級品	1.1	0.44
丙級品	0.8	0.32

茲簡單敘述甲醛態氮之測定方法如下：

一、步驟

1. 甲醛溶液：將 25 mL 甲醛（37%）以 0.1N 及 0.01N 氫氧化鈉溶液調整為適當 pH（8.1 或其他）。
2. 稱取樣品約 25 g 於燒杯中，以 0.1N 氫氧化鈉溶液調整至適當 pH，加入 10 mL 甲醛溶液（須做二重複）。
3. 以磁石攪拌 3 分鐘。
4. 以 0.01N 氫氧化鈉滴定至終點，記錄所需氫氧化鈉滴定量，滴定數為 a 毫升。
5. 另取燒杯，精確稱取樣品約 25 g 於燒杯中，以 0.1N 氫氧化鈉溶液調整至適當 pH，重複二～四之步驟，以 10 mL 蒸餾水取代甲醛溶液，當做空白試驗，以 0.01N 氫氧化鈉滴定至終點，記錄所需氫氧化鈉溶液滴定量，滴定數為 b 毫升。
6. 計算：果汁中甲醛態氮含量（mg%）。

二、圖解

1. 校正 pH 計（依各廠牌校正步驟，如 EUTECH INSTRUMENT pH510。）
   (1) 先以蒸餾水洗淨探測棒，並以吸水紙吸乾，置於 pH 7 緩衝液內進行校正。

(2) 按 CAL/MEAS 鍵，出現 READY 後，按 ENTER 鍵。

(3) 再以蒸餾水洗淨、拭乾，再置於 pH4 緩衝溶液內。

(4) 出現 READY 後，按 ENTER 鍵，再按一次 CAL/MEAS 鍵，即可測量。

(5) 實驗裝置圖（如下）：

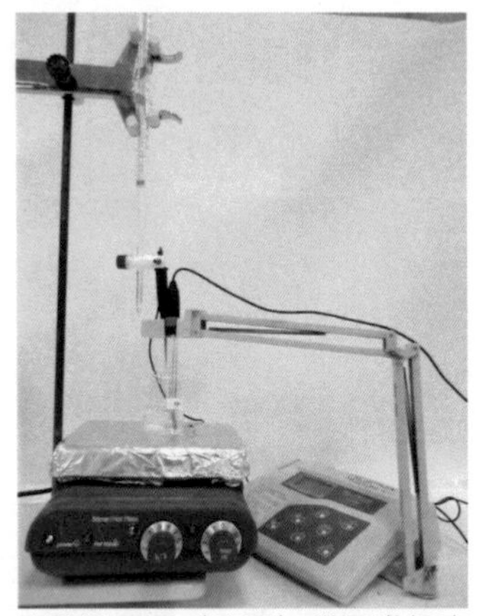

實驗裝置圖（遠圖）當要進行實驗時，加入磁石，開啓攪拌（stir）開關，小心磁石不要打到電極棒。

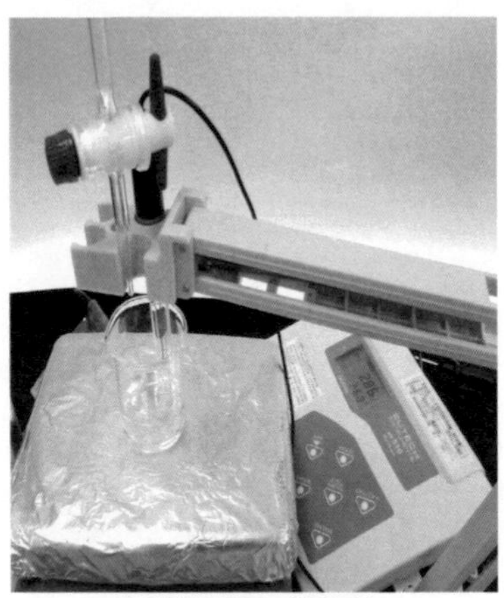

實驗裝置圖（近圖）

2. 各溶液之 pH 值調製

(1) 甲醛溶液：pH 值調至 8.1。

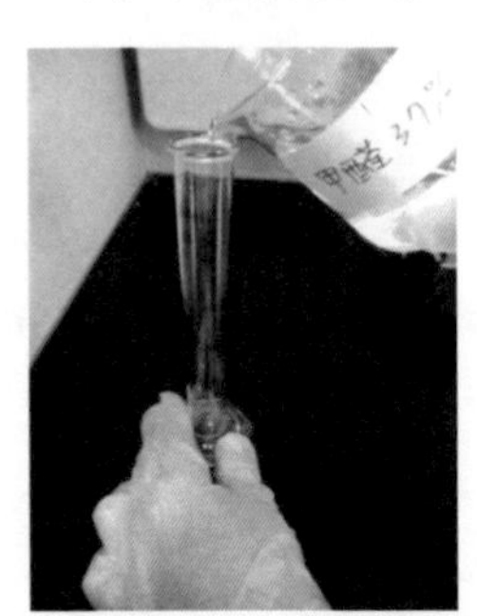

戴乳膠手套，於通風櫥內以量筒取 25mL 甲醛（37%）入 50 毫升燒杯。

→

架好 pH 計及滴定管，如實驗裝置圖，以滴管取 0.1N 氫氧化鈉溶液調 pH 至 7.0 左右。

→

以滴管取0.01N氫氧化鈉溶液慢調 pH 至 8.1

用保鮮膜覆蓋裝甲醛溶液之燒杯，備用。

(2) 蒸餾水：如甲醛溶液之調製法，將其 pH 值調至 8.1。

(3) 樣品溶液：pH 值調至 8.1（須做三份，雙重複及一空白試驗）。

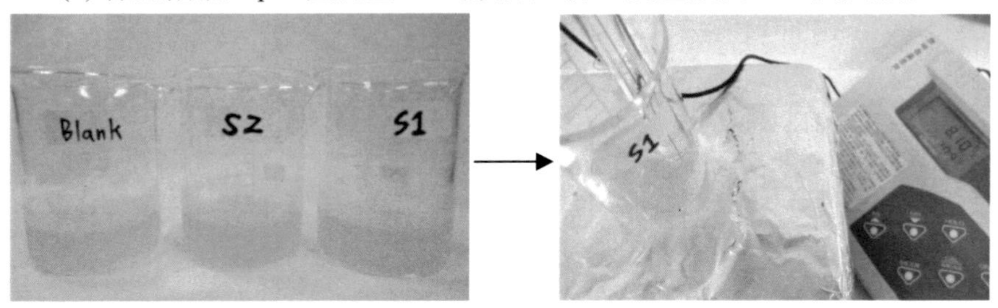

精確秤取果汁樣品約 25 g 入 100 毫升燒杯中

如甲醛溶液之調製法，將其 pH 值調至 8.1。

3. 甲醛態氮測定

(1) 事先架好 pH 計及滴定管

(2) 將已調好 pH 及秤完重量之樣品溶液與甲醛溶液 10 mL 混合 3 分鐘後滴定，同時觀察 pH 值變化。

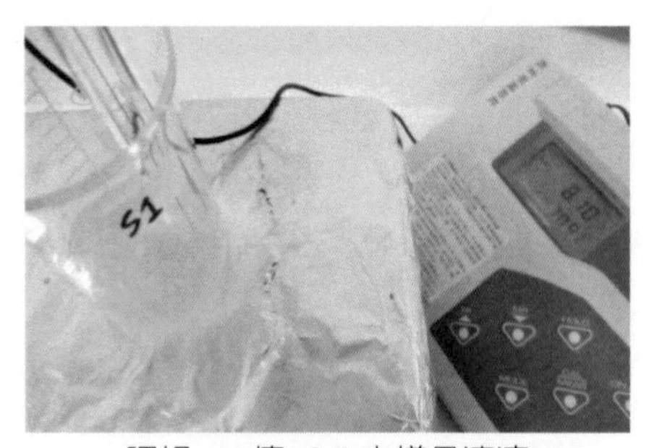

調好 pH 值=8.1 之樣品溶液

→

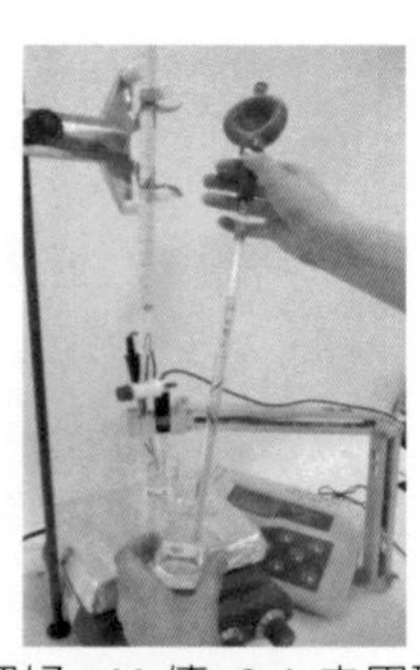

加入調好 pH 值=8.1 之甲醛溶液 10 mL（需以吸量管吸取）混勻，磁石攪拌 3 分鐘。

→

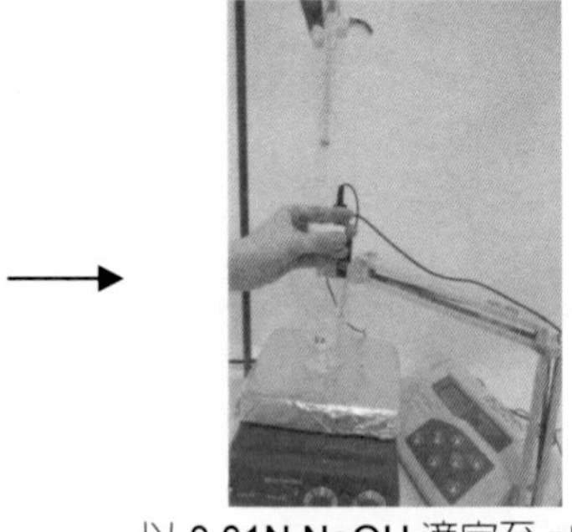

以 0.01N NaOH 滴定至 pH8.1

→

記錄 0.01N NaOH 消耗量，滴定數為 a 毫升。

(3) 樣品溶液須做雙重複，其方法如上。

(4) 空白試驗

調好 pH 值= 8.1 之樣品溶液

→

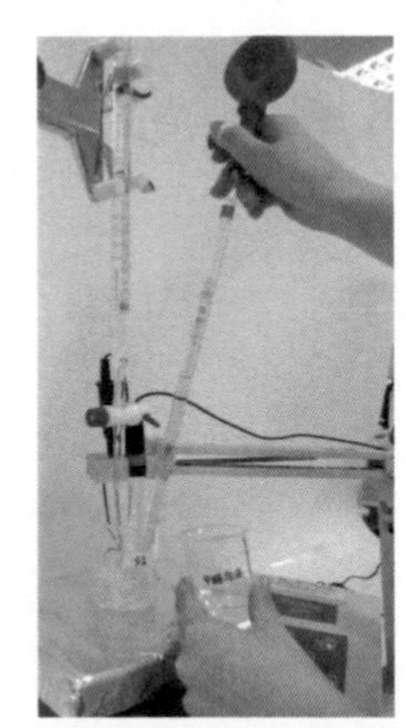

加入調好 pH 值=8.1 之蒸餾水 10 mL（需以吸量管吸取）混勻，磁石攪拌 3 分鐘

→ 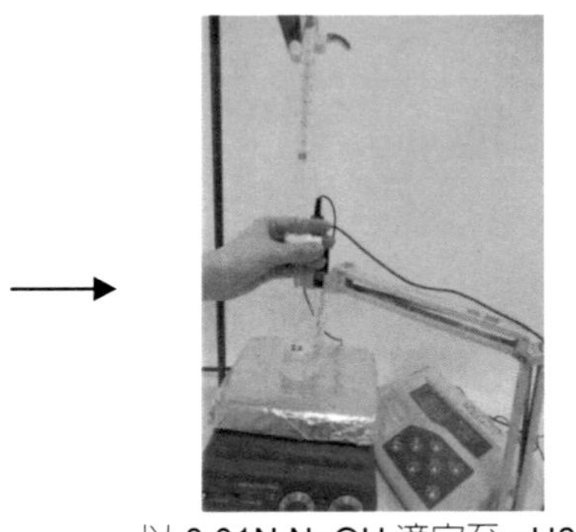 → 記錄 0.01N NaOH 消耗量，滴定數為 b 毫升。

以 0.01N NaOH 滴定至 pH8.1

三、結果

1. 公式：甲醛態氮（mg%）＝(a – b) × 0.01 × F × 14 × 100 / w

2. 記錄

a：樣品溶液消耗 0.01N NaOH 之量（mL）

b：空白試驗消耗 0.01N NaOH 之量（mL）

w：樣品重量（g）

假設

(1) 第一次及第二次樣品重量分別如下

S1=25.0374 g

S2=25.1344 g

(2) 甲醛溶液之調整前後之 pH 值

調整前 pH=3.15

調整後 pH=8.1

(3) 第一次樣品溶液及第二次樣品溶液調整前後之 pH 值

S1 調整前 pH=3.33→調整後 pH=8.1

S2 調整前 pH=3.34→調整後 pH=8.1

(4) 0.01N（F=0.9987）氫氧化鈉滴定，空白試驗、第一次、第二次消耗量

空白 0.01N 氫氧化鈉消耗量＝0.2 mL

S1　0.01N 氫氧化鈉消耗量＝4.8 mL

S2　0.01N 氫氧化鈉消耗量＝5.4 mL

3. 將實驗數據代入計算公式

➢ 第一次滴定所得甲醛態氮含量（mg%）：

$$（4.8-0.2）\times 0.01 \times 0.9987 \times 14 \times \frac{100}{25.0374} = 2.5688$$

➢ 第二次滴定所得甲醛態氮含量（mg%）：

$$(5.4-0.2) \times 0.01 \times 0.9987 \times 14 \times \frac{100}{25.1344} = 2.8927$$

(1) Mean = (2.5688＋2.8927)÷2＝2.7308

(2) $SD=\sqrt{\frac{(2.7308-2.5688)^2+(2.7308-2.8927)^2}{2-1}}=\sqrt{\frac{0.0262+0.0262}{2-1}}=0.2289$

(3) 果汁甲醛態氮（mg%）＝2.7308 ± 0.2289 mg%

四、實驗藥品

項次	內容	數量
1	柳橙汁或芭樂汁檢體	75 mL
2	甲醛（37%）	30 mL
3	pH 9.18（或 4.01）緩衝溶液標準品	20 mL
4	pH 6.86 緩衝溶液標準品	20 mL
5	0.01N NaOH 標準液（須知力價）	100 mL
6	0.1N NaOH 溶液	50 mL
7	酚酞指示劑	適量
8	0.1N HCl 溶液	50 mL

五、實驗器材

項次	內容	數量
1	電子天平（共用，靈敏度 0.1 mg）	1 台
2	滴定管 50 mL 或 25 mL	1 支
3	滴定管架（白色底座）附滴定管夾	1 座
4	小漏斗（直徑 5 cm）	1 個
5	燒杯（50 mL）（有刻度）	2 個
6	刻度吸量管（10 mL）	2 支
7	燒杯（150 mL）	3 個

8	pH 計	1 台
9	電磁攪拌器	1 台
10	磁石（1～1.12 cm）	2 個
11	安全吸球	1 個
12	丟棄式吸管	3 支
13	燒杯（500 mL，裝廢液用）	1 個
14	吸水紙	1 包
15	洗瓶	1 支
16	鑷子	1 支
17	量筒（50 mL）	1 支
18	乳膠手套	1 雙
19	保鮮膜	1 捲

第二節　食品中揮發性鹽基態氮（VBN）檢測

蛋白質食品腐敗時，由於自身酵素及細菌的胺基酸脫羧酶（amino acid decarboxylase）之作用，將蛋白質分解成胺類及氨等較低分子量且含氮的鹼性物質，這些生成物在鹼性時為揮發性，故稱為揮發性鹽基態氮（Volatile Basic Nitrogen, VBN）。VBN 愈高代表食品愈不新鮮，可利用康威氏微量擴散法及酸鹼滴定法定量樣品之 VBN 量，茲將其操作簡述於下。

一、步驟

1. 精確秤取細碎魚肉樣品（大約 2 g，樣品重量 Sw，單位 g）於小燒杯中，加入 2.2%三氯醋酸溶液，以電磁攪拌器攪拌 10 分鐘。
2. 將樣品溶液過濾至三角燒瓶（或定量瓶）中，再以 2.2%三氯醋酸定容至 20 毫升。
3. 以 95%酒精將康威氏皿（3 組）擦拭乾淨，再置於 50℃烘箱中烘乾。
4. 放冷後，周圍塗上凡士林，試蓋上蓋子。
5. 加 1 毫升硼酸吸收液於康威氏皿內室中（須做雙重複）。

6. 再加 1 毫升飽和碳酸鉀溶液及 1 毫升樣品試液於同一康威氏皿外室中。
7. 以另一康威氏皿以 1 毫升 2.2%三氯醋酸溶液取代樣品試液進行空白試驗。
8. 將康威氏皿於桌上小心旋轉，使碳酸鉀溶液與樣品混合均勻。
9. 將康威氏皿移入 37℃烘箱中，放置 90 分鐘。
10. 康威氏皿取出，內室使用微量滴定管以 0.01N HCl 滴定至內室呈橄欖綠之硼酸溶液中，隨滴隨攪拌，當呈桃紅色為滴定終點，讀取試驗組（a）及空白組（b）鹽酸標準溶液消耗之毫升數。
11. 計算檢體中揮發性鹽基態氮之含量（0.01N HCl 1 mL = 0.14 mg 揮發性鹽基態氮），計算式及結果請列於結果報告表中（力價另行提供）。

二、圖解

1. 樣品前處理

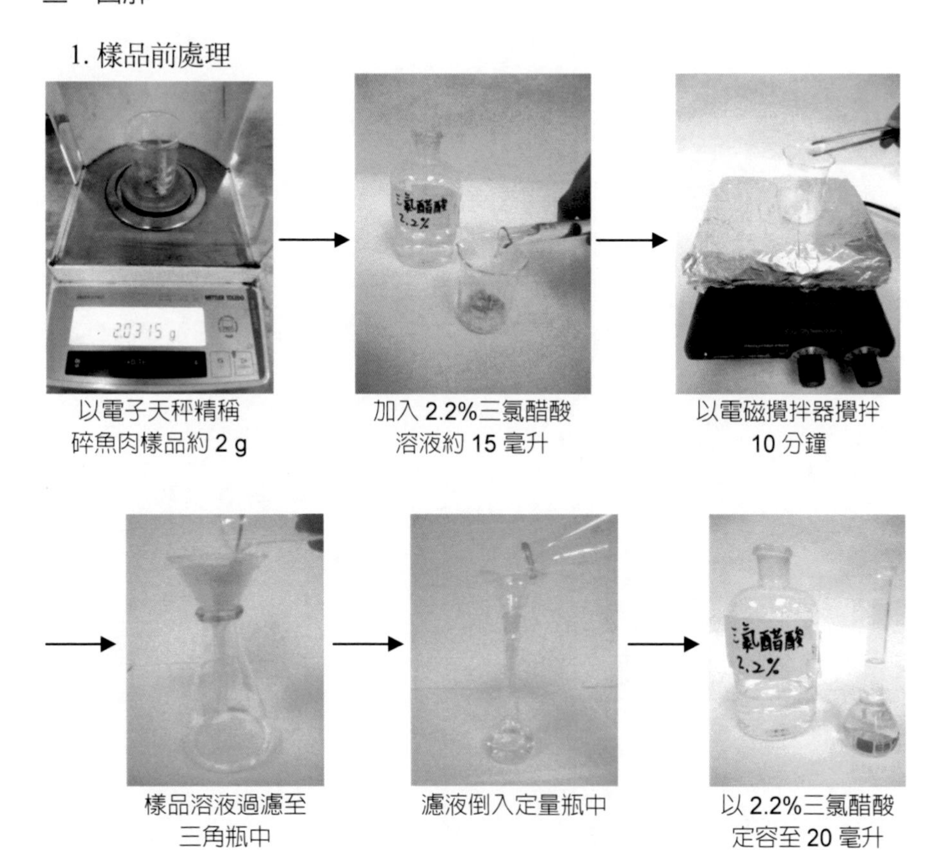

以電子天秤精稱碎魚肉樣品約 2 g → 加入 2.2%三氯醋酸溶液約 15 毫升 → 以電磁攪拌器攪拌 10 分鐘 → 樣品溶液過濾至三角瓶中 → 濾液倒入定量瓶中 → 以 2.2%三氯醋酸定容至 20 毫升

2. 揮發性鹽基態氮（VBN）測定

(1) 康威氏皿前處理

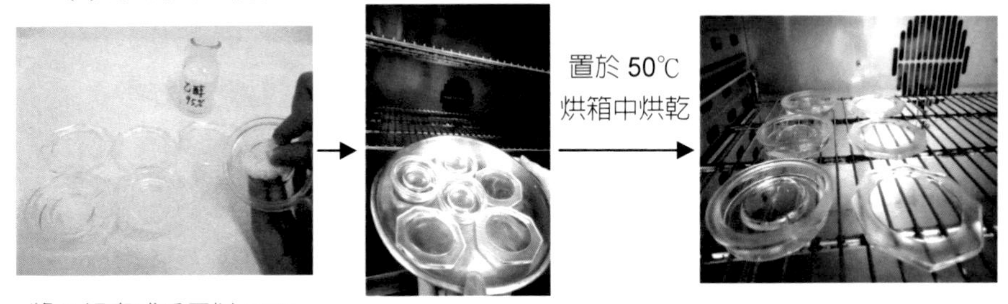

將 3 組康威氏皿以 95%
酒精擦拭乾淨

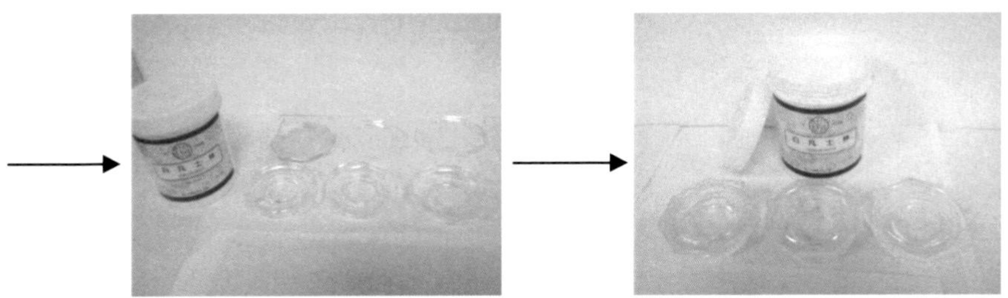

烘乾放冷後，磨砂口接合處塗上
少許凡士林增加緊密度。

試蓋上蓋子，看是否密合。

(2) 試劑添加

加 1 毫升硼酸吸收液
於康威氏皿內室中

外室加 1 mL 飽和碳酸鉀及 1 mL
檢液，蓋上蓋子並小心混合

另作空白試驗，以 2.2%三氯醋酸
溶液取代樣品試液。

(3) 反應：小心將康威氏皿移入 37℃烘箱中，放置 90 分鐘使充分作用，內室之硼酸溶液因吸收氨使呈橄欖綠色。

(4) 滴定

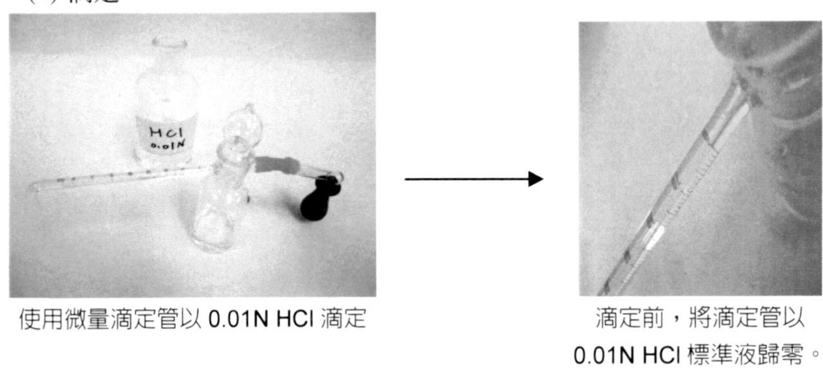

使用微量滴定管以 0.01N HCl 滴定

滴定前，將滴定管以 0.01N HCl 標準液歸零。

滴定管尖端滴入內室

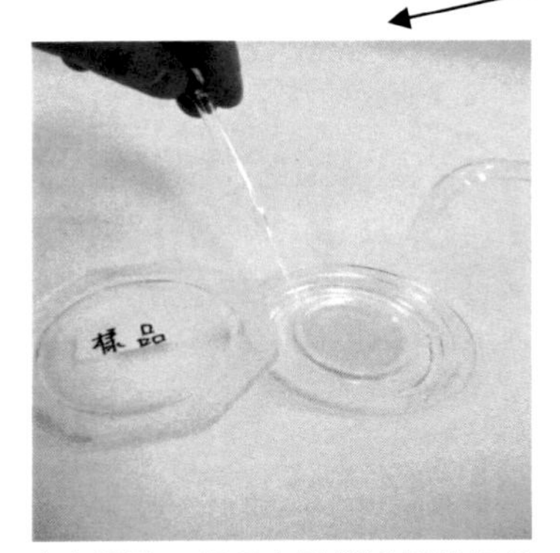

滴定終點：顏色由橄欖綠轉桃紅色

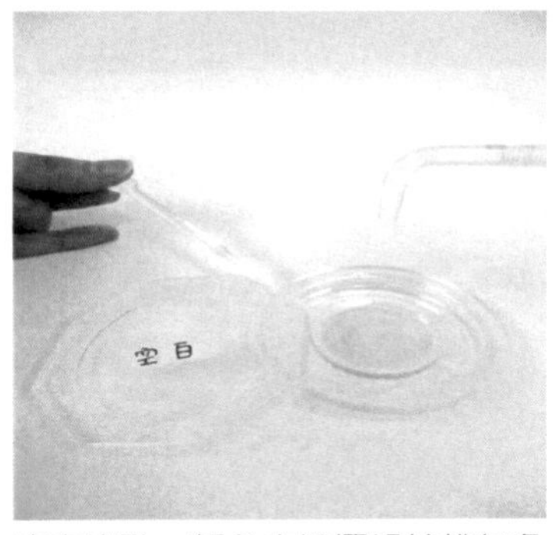

滴定終點：顏色由橄欖綠轉桃紅色

三、計算

計算檢體中揮發性鹽基態氮之含量（0.01N HCl 1 mL = 0.14 mg 揮發性鹽基態氮）

※微量滴定管的體積為 0.15 mL，共分 15 格每格 0.01 mL，每一格又細分為 5 小格，計 15 格共 75 小格，每一小格為 0.002 mL

計算公式

$N\ mg\% = N \times f \times (a - b) \times 14 \times 20 / 1 \times 100 / wt$

假設

檢體重量為 2.0315g，0.01NHCl 力價為 0.96

第一次滴定樣品液消耗 0.01N HCl 0.132mL，第二次消耗 0.128 mL，空白消耗 0 mL

第一次樣品

$N\ mg\% = 0.01 \times 0.96\ (f) \times (0.132-0) \times 14 \times 20 / 1 \times 100 / 2.0315 = 17.47$

第二次樣品

$N\ mg\% = 0.01 \times 0.96\ (f) \times (0.128-0) \times 14 \times 20 / 1 \times 100 / 2.0315 = 16.94$

四、實驗藥品

項次	內容	數量
1	三氯醋酸溶液（2.2%）：稱取 22 克三氯醋酸（試藥級），以少許蒸餾水溶解，再定容至 1 公升。	50 mL
2	硼酸吸收液：精稱 10 克硼酸，量取 95%酒精 200 毫升及蒸餾水 700 毫升，加 10 毫升混合指示劑，加水定容至 1 公升。	5 mL
3	溴甲酚綠：Bromocresol green 0.03 克溶於 100 毫升之 95%酒精。	100 mL
4	甲基紅：Methyl red 0.06 克溶於 100 毫升之 95%酒精。	100 mL
5	混合指示劑：取溴甲酚綠與甲基紅兩種指示劑各 5 毫升混合。	10 mL
6	飽和碳酸鉀溶液：取 110 克 K_2CO_3 加入 100 毫升水中，加熱溶解過濾後使用。	10 mL
7	酒精（95%）	100 mL
8	鹽酸標準溶液（0.01N，力價由現場提供）	10 mL
9	細碎魚肉	10 g

10	測試樣品檢液：以三甲基胺配製。	5 mL
11	面紙	1 包
12	中性洗液。	1 罐
13	凡士林（共用）	1 罐

五、實驗器材

項次	內容	數量
1	電子天平（共用，靈敏度 0.1 毫克）	3 組
2	電磁攪拌器（含磁石）	1 個
3	濾紙（No1）	1 盒
4	微量滴定管：最小刻度 0.002 毫升。	1 組
5	烘箱（共用）	1 台
6	吸量管（1 mL）	5 支
7	三角燒瓶（25 mL）	1 個
8	小漏斗	1 個
9	定量瓶（20 mL）	2 個
10	康威氏皿（Conway dish）（玻璃製品）	1 台
11	小型玻棒	2 支
12	安全吸球	1 個
13	燒杯（50 mL）	1 個
14	量筒（10 mL）	1 支
15	洗滌瓶	1 個
16	丟棄式吸管	1 支
17	鑷子	1 支
18	棉球（擦拭康威氏皿用）	4 組
19	定量瓶（20 mL）	1 個
20	標籤紙	適量
21	鐵盤	1 個

微量滴定管使用方法

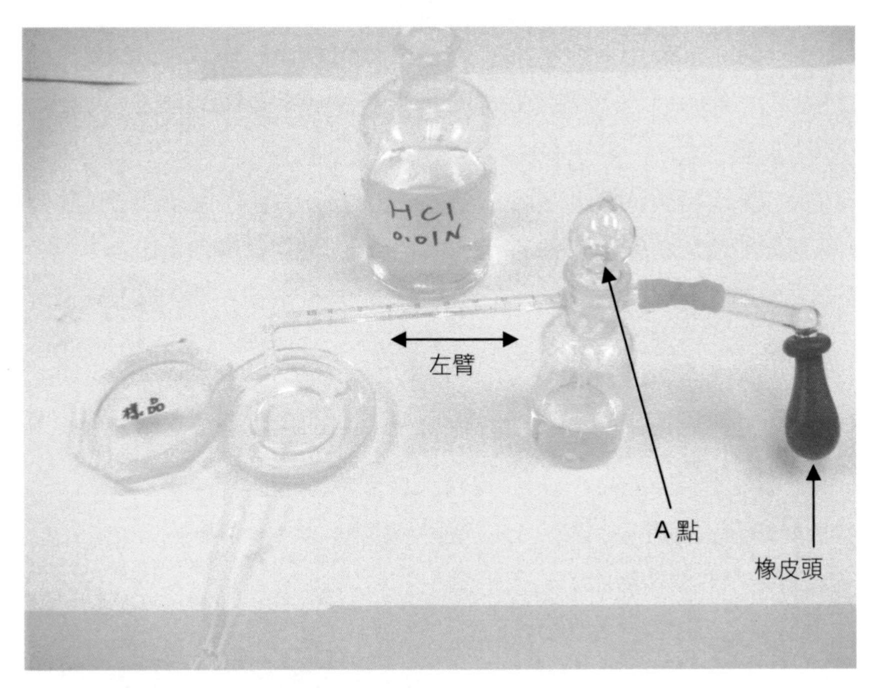

1. 將 0.01N HCl 之滴定液倒入瓶身。
2. 將轉頭插入瓶身時，使 A 點朝向正前方。
3. 順時鐘方向轉動轉頭 90°，使 A 點朝正左方。
4. 擠壓橡皮頭，使瓶身之液體充滿左臂，不得有氣泡。
5. 逆時鐘方向，轉動轉頭 90°，使 A 點朝向正前方。
6. 輕壓橡皮頭，使左臂之液體歸零。
7. 將康威氏皿內室對準滴定管尖頭，輕壓橡皮頭開始滴定，切記滴定的過程中不要忘了攪拌，直至內室溶液由綠變粉紅即可。
8. 讀取滴定管之刻度（讀值由 0 至 0.15 mL，共分 15 格每格 0.01 mL，每一格又細分為 5 小格，計 15 格共 75 小格，每一小格為 0.002 mL）。

第三節　油脂中酸價檢測

酸價（acid value, AV）之定義為中和 1 克油脂中所含游離脂肪酸所需氫氧化鉀的毫克數。mg KOH / g. oil，其反應方程式如下：

$RCOOH + KOH \rightarrow RCOOK + H_2O$

油脂如未經精製、貯放時間久或重複加熱後，其游離脂肪酸多，酸價高，故可以酸價作為劣變油脂之指標之一。新鮮油脂之酸價為 0.1～0.2，由油脂之酸價可瞭解其水解酸敗之程度。當油炸油酸價在 2.0 以上應全部換新油。茲將其檢測方法說明於下。

一、步驟

1. 精確稱取油脂樣品約 5 公克，置於 250 mL 三角瓶中。
2. 加入 50 毫升酒精及乙醚（1:1）混合溶劑。
3. 以酚酞（1%酒精溶液）為指示劑。
4. 用 0.1N 氫氧化鉀酒精溶液滴定至呈淺紅色，並維持 10 秒鐘不退色為止。
5. 另作空白試驗。
6. 計算酸價

二、圖解

1. 樣品製備

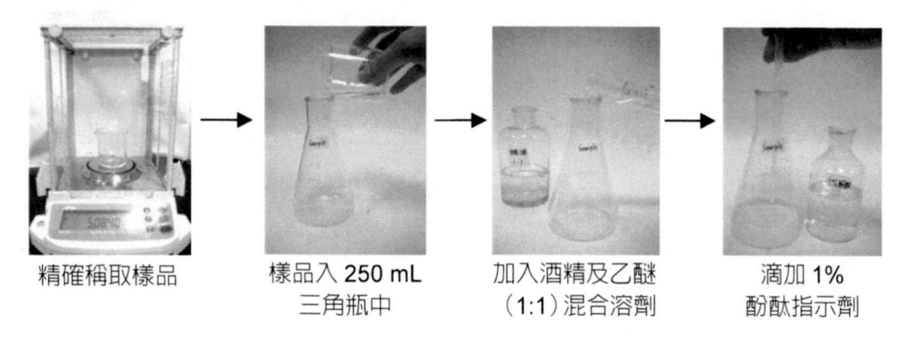

精確稱取樣品 → 樣品入 250 mL 三角瓶中 → 加入酒精及乙醚（1:1）混合溶劑 → 滴加 1% 酚酞指示劑

2. 滴定

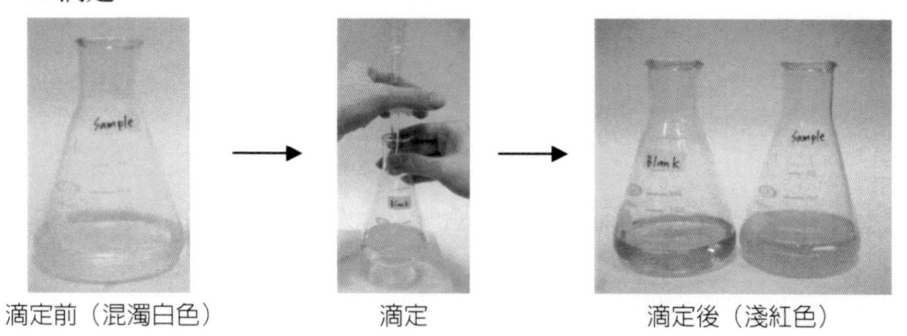

滴定前（混濁白色） → 滴定 → 滴定後（淺紅色）

三、結果

$$酸價（mg\ KOH / g.\ oil）= \frac{(V-B) \times 0.1 \times F \times 56.1}{W}$$

式中，V =樣品滴定所消耗之 0.1N 氫氧化鉀之毫升數

B =空白滴定所消耗之 0.1N 氫氧化鉀之毫升數

W =樣品之重量（g）

F = 0.1N 氫氧化鉀之力價

假設，樣品重（w）為 5.4131 g，0.1N 氫氧化鉀之力價（F）為 0.9001，樣品組（V）滴定所消耗之 0.1N 氫氧化鉀為 4.21 mL，空白組（B）滴定所消耗之 0.1N 氫氧化鉀為 0.24 mL，則該樣品之酸價計算如下。

計算公式：酸價（mg KOH / g.oil）$= \dfrac{(V\text{-}B) \times 0.1 \times F \times 56.1}{W}$

$$= \frac{(4.21-0.24) \times 0.1 \times 0.9001 \times 56.1}{5.4131}$$

$=3.70$ mg KOH / g. oil

四、實驗藥品

項次	內容	數量
1	油脂樣品	10～15 g
2	0.1N 氫氧化鉀標準溶液	200 mL
3	酒精及乙醚（1:1）混合溶劑	100 mL
4	1%酚酞指示劑	10 mL

五、實驗器材

項次	內容	數量
1	電子天平（靈敏度 0.1 毫克）	1 台
2	三角瓶（250 毫升）	2 個
3	燒杯（50 毫升）	1 個
4	量筒（100 毫升）	1 個
5	滴定管（50 毫升）	1 個
6	滴定管架（附滴定管夾）	1 座
7	丟棄式吸管	1 支
8	試藥匙	1 支

第四節　食品中過氧化價檢測

過氧化價（peroxide value, POV）之定義為油脂 1000 克中所含過氧化物之毫克當量數，可由滴定時所消耗 $Na_2S_2O_3$ 的毫克當量數（meq）取代。油脂氧化後會產生過氧化物，過氧化價是測定油脂中的過氧化物含量。過氧化物穩定性不佳，極易自行分解，形成低分子量之醛、酮等化合物，因而使過氧化價降低，因此過氧化價僅可作為油脂酸敗初期的氧化指標。過氧化價愈高，油脂氧化油耗味會愈明顯。一般出廠之精製油、新油，過氧化價均控制在 10 以下。

測定過氧化價的原理是利用 KI 與油脂中之氫過氧化物作用，使 I^-氧化為 I_2，當以硫代硫酸鈉滴定時，硫代硫酸鈉將 I_2 還原成 I^-，如在適當時機加入澱粉指示劑，可由溶液之藍紫色轉變為無色時，判定為滴定終點。

由於油脂過氧化物、碘分子及硫代硫酸鈉的當量數相等，利用硫代硫酸鈉的當量濃度與毫升體積計算得到的毫當量數即等於油脂過氧化物的毫當量數，再除以油脂樣品重量即可計算出此樣品之過氧化價。茲簡單介紹其流程如下。

一、步驟

1. 精秤油脂樣品約 5 公克（至小數點後 4 位），置於 250 毫升有玻蓋的三角燒瓶中。
2. 加 50 毫升醋酸與異辛烷混合溶液（V/V=3:2），搖動使其溶解。
3. 用刻度吸量管加入 0.5 毫升飽和碘化鉀溶液，持續地搖動 1 分鐘。
4. 加入 30 毫升蒸餾水。
5. 用 0.01N $Na_2S_2O_3$ 標準溶液滴定至呈黃色時，加入 0.5 毫升 10% SDS 溶液及 0.5 毫升之 0.5%澱粉指示劑，繼續滴定到藍色剛消失為止，記錄所消耗 0.01N $Na_2S_2O_3$ 之量。
6. 計算過氧化價。

   過氧化價（$Na_2S_2O_3$ meq / kg.oil）$= \dfrac{S \times 0.01 \times F}{W} \times 1000$

   式中 S＝滴定所消耗的 $Na_2S_2O_3$ 溶液毫升數

   F＝$Na_2S_2O_3$ 之力價

   w＝樣品重（公克）
7. 重複步驗 1～6 再檢測一次。
8. 將二次結果平均並計算其平均偏差。

二、圖解

1. 樣品製備

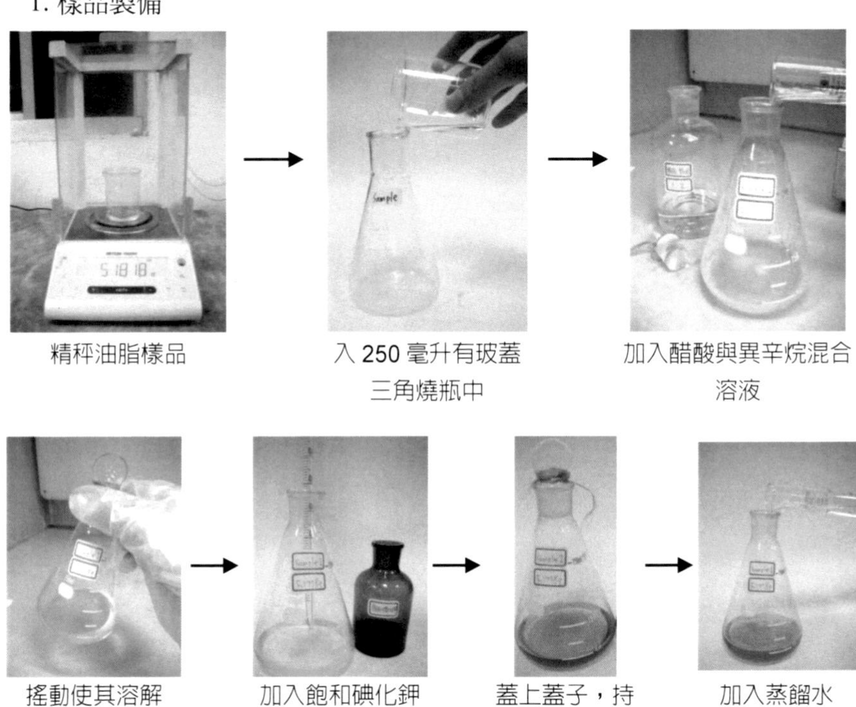

精秤油脂樣品 → 入 250 毫升有玻蓋三角燒瓶中 → 加入醋酸與異辛烷混合溶液

搖動使其溶解 → 加入飽和碘化鉀溶液 → 蓋上蓋子，持續搖動 1 分鐘。 → 加入蒸餾水

2. 滴定

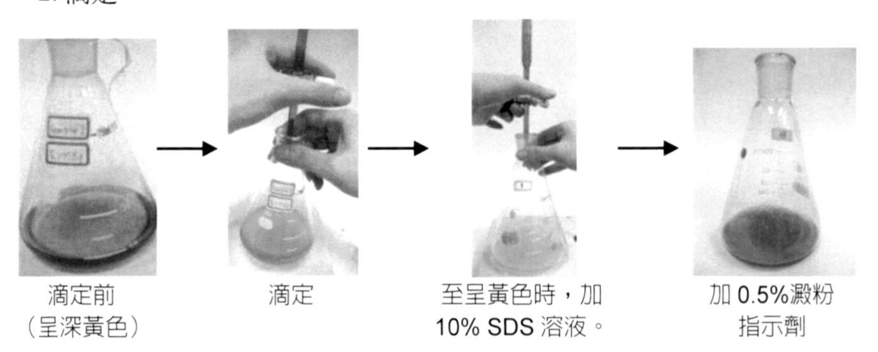

滴定前（呈深黃色） → 滴定 → 至呈黃色時，加 10% SDS 溶液。 → 加 0.5%澱粉指示劑

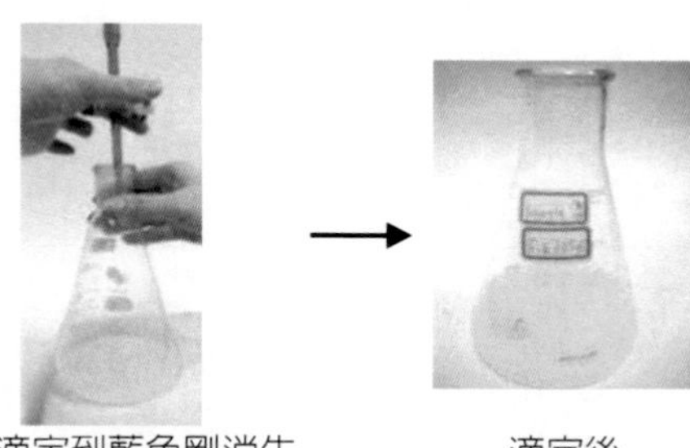

繼續滴定到藍色剛消失為止，並記錄滴定量。

滴定後（呈混濁白色）

三、結果

$$過氧化價（meq / kg.oil）= \frac{S \times 0.01 \times F}{W} \times 1000$$

式中 S＝滴定所消耗的 $Na_2S_2O_3$ 溶液毫升數

F＝$Na_2S_2O_3$ 之力價（須標出力價）

w＝樣品重（公克）

假設，$Na_2S_2O_3$ 之力價為 0.939

樣品 1：樣品重（S1）為 5.1778 g，滴定所消耗的 $Na_2S_2O_3$ 溶液為 1.4 mL

$$過氧化價（meq / kg.oil）= \frac{1.4 \times 0.01 \times 0.939}{5.1778} \times 1000$$

$$= 2.5389 \quad meq/kg.oil$$

樣品 2：樣品重（S2）為 5.6335 g，滴定所消耗的 $Na_2S_2O_3$ 溶液為 1.8 mL

$$過氧化價（meq / kg.oil）= \frac{1.8 \times 0.01 \times 0.939}{5.6335} \times 1000$$

$$= 3.0003 \ meq/kg.oil$$

樣品 1 及樣品 2 之過氧化價的平均值（X）$= \frac{(2.5389 + 3.0003)}{2} = 2.7696$ meq/kg.oil

$$標準偏差（S.D.）= \sqrt{\frac{(S1-X)^2+(S2-X)^2}{n-1}} = \sqrt{\frac{(2.5389-2.7696)^2+(3.0003-2.7696)^2}{2-1}}$$

$$= \sqrt{\frac{0.0532+0.0532}{1}} = 0.3262$$

$$平均偏差= \frac{|2.7696-3.0003|+|2.7696-2.5389|}{2} = \frac{0.2307+0.2307}{2} = 0.2307$$

四、實驗藥品

項次	內容	數量
1	大豆沙拉油樣本	50 g
2	醋酸：異辛烷（isooctane）溶液（V/V=3:2）	100 mL
3	飽和碘化鉀溶液（使用當日配製）	5 mL
4	0.01N 硫代硫酸鈉溶液（須標出力價）	100 mL
5	0.5%澱粉指示劑溶液	5 mL
6	蒸餾水	200 mL
7	10% SDS 溶液：取 10g 十二烷基硫酸鈉（sodium lauryl sulfate），加水溶解並定容至 100 mL。	5 mL

五、實驗器材

項次	內容	數量
1	電子天平（靈敏度 0.1 毫克）	1 台
2	量筒（100 mL）	1 個
3	刻度吸管（1 mL）	3 支
4	有玻蓋三角燒瓶（250 mL）	2 個
5	滴定管（50 mL，褐色）	1 支
6	滴定管架（底座白色，附夾子）	1 台
7	玻璃棒	1 支
8	玻璃小漏斗（直徑 5 cm）	1 個
9	安全吸球	1 個
10	滴瓶（10 mL，裝指示劑）	1 個
11	洗瓶（500 mL）	1 個
12	丟棄式吸管	1 支

第五節　食品中硫巴必妥酸（TBA）檢測

油脂在自動氧化過程，當形成一級氫過氧化物，因其不穩定的特性會很快裂解形成二級產物，為一種醛類，該二次氧化生成物會再經由過氧化反應，生成另一類過氧化物，最後生成丙二醛，因丙二醛可與硫巴必妥酸作用形成紅色複合物，在 532 nm 有很強的吸收，可作為定量油脂氧化裂解之依據，如丙二醛含量愈多則可形成愈多的紅色產物，其吸光度愈高，可依製作之迴歸曲線加以定量。茲簡述其測定方法如下。

一、步驟

1. 檢液之調製

(1) 精秤熟鹹鴨蛋黃約 10～15 克，磨細後入蒸餾瓶加 0.1N HCl 100 mL，再加入沸石（10 幾顆）與矽油（2～3 滴），依普通蒸餾裝置小心裝妥並固定之（加入沸石與矽油的目的為防止乳化及突沸）。

(2) 以溫火加熱並收集餾出液約 35 毫升，加蒸餾水定容至 50 毫升，供作檢液。

2. 迴歸曲線之製成

(1) 精確量取 1.1.3.3-四乙氧基丙烷（1.1.3.3-tetraethoxy propane, TEP）鹽酸溶液（每毫升含丙二醛 10 μg）2 毫升、4 毫升、6 毫升、8 毫升及蒸餾水（空白試驗）分置 50 毫升定量瓶，各加蒸餾水至標線作為標準溶液。

(2) 另取 15 毫升試管做上記號，分別置入上述標準溶液及 TBA 試劑各 3 mL，混合均勻，置沸水浴加熱 30 分鐘，取出放冷，以 532 nm 測吸光度。（Hint：該溶液每 mL 含丙二醛分別為 0.4、0.8、1.2、1.6 μg）

(3) 由所得吸光度及相對標準溶液丙二醛的含量繪製迴歸曲線，並求其斜率、截距及相關係數。

3. 定量

(1) 依標準溶液做法取檢液及 TBA 各 3 毫升混合均勻（做二重複），置沸水浴加熱 30 分鐘取出放冷，以 532 nm 測吸光度。

(2) 由迴歸方程式求出鹹鴨蛋熟蛋黃丙二醛含量（μg/g）。

二、圖解

1. 檢液之調製

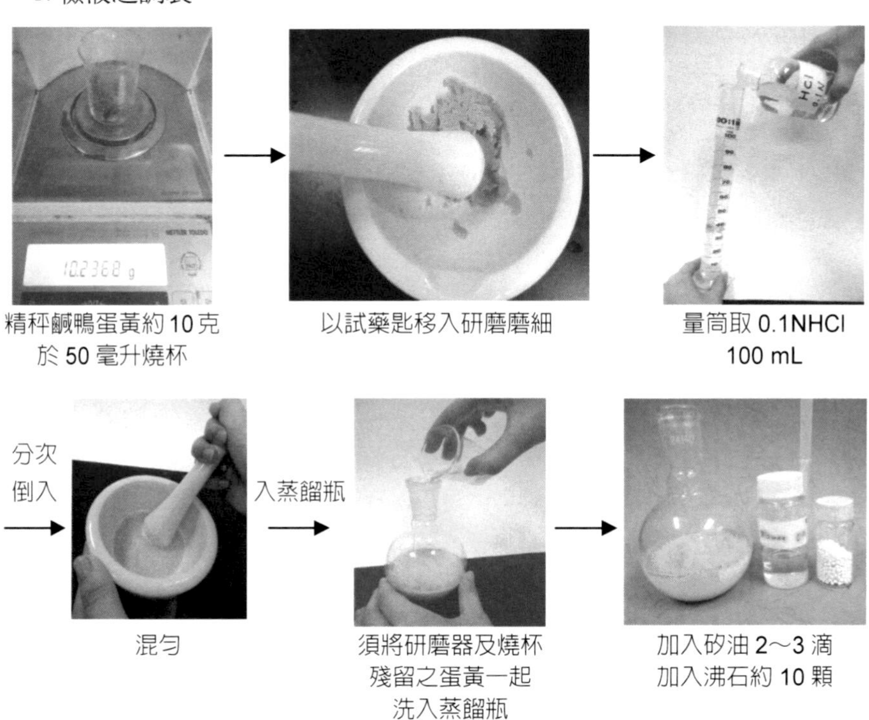

精秤鹹鴨蛋黃約 10 克於 50 毫升燒杯

以試藥匙移入研磨磨細

量筒取 0.1NHCl 100 mL

分次倒入

混勻

入蒸餾瓶

須將研磨器及燒杯殘留之蛋黃一起洗入蒸餾瓶

加入矽油 2～3 滴
加入沸石約 10 顆

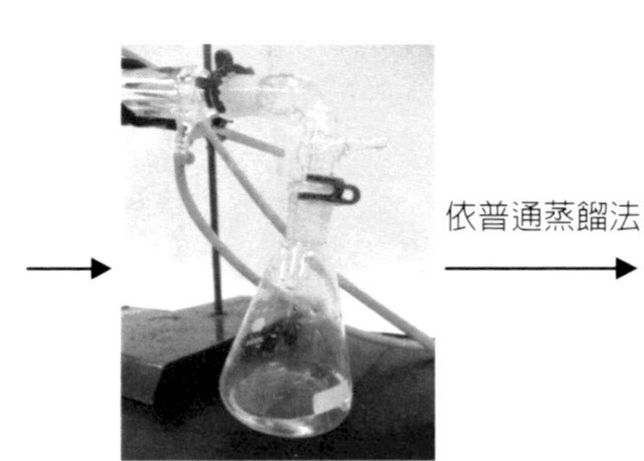

三角瓶加入 35 mL 蒸餾水，做記號，再將水倒掉。

依普通蒸餾法

溫火加熱並收集餾出液 35 mL
（冷凝管下端入水，上端出水。）

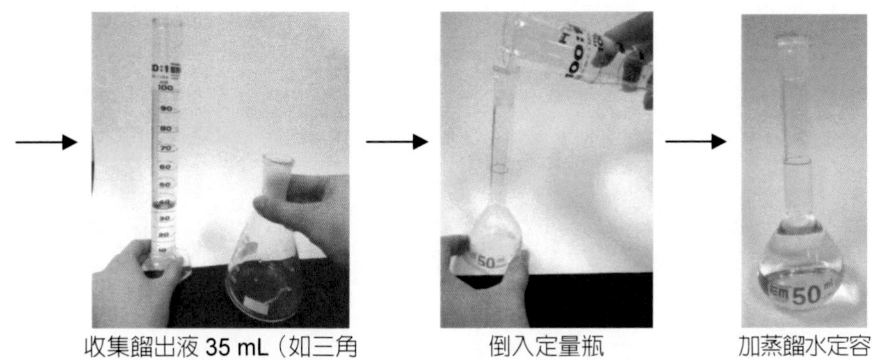

收集餾出液 35 mL（如三角瓶已先做記號，此步驟可免，直接倒入定量瓶即可。）

倒入定量瓶

加蒸餾水定容至 50 mL，供做檢液。

2. 迴歸曲線之製成

以吸量管取 TEP 鹽酸溶液 0 毫升、2 毫升、4 毫升、6 毫升、8 毫升，分置 50 毫升定量瓶。

各加蒸餾水至標線，混合均勻。

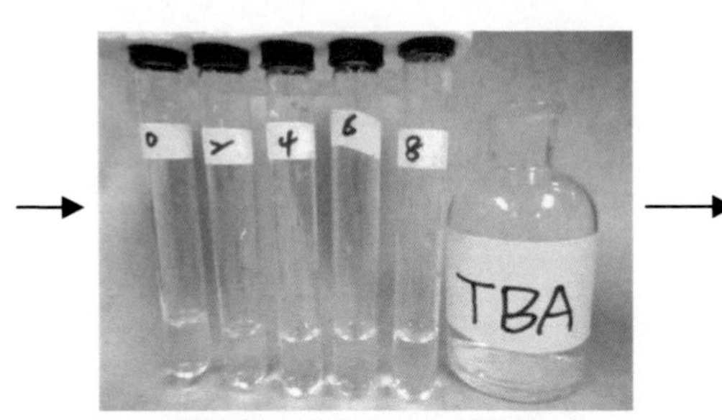

試管標號並分取 TBA 試劑 3mL

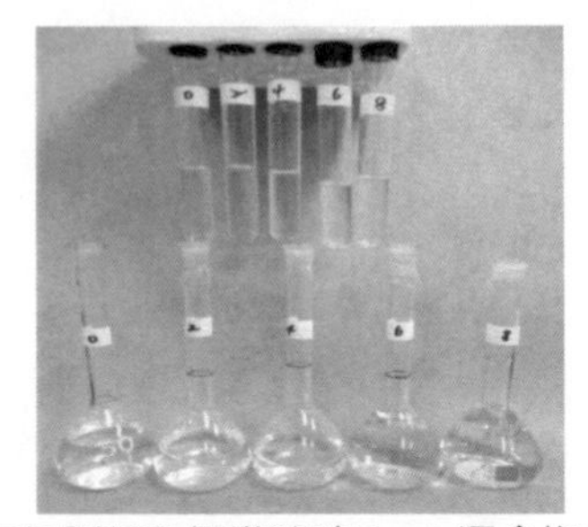

再個別加入標準溶液 3 mL 混合均勻

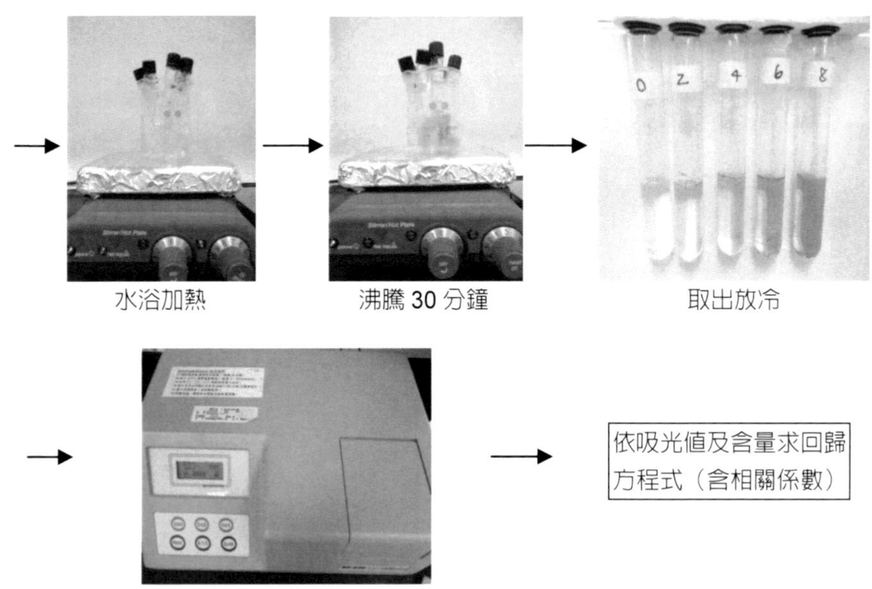

水浴加熱

沸騰 30 分鐘

取出放冷

使用分光光度計，以 532 nm 測吸光度。

依吸光值及含量求回歸方程式（含相關係數）

3. 定量

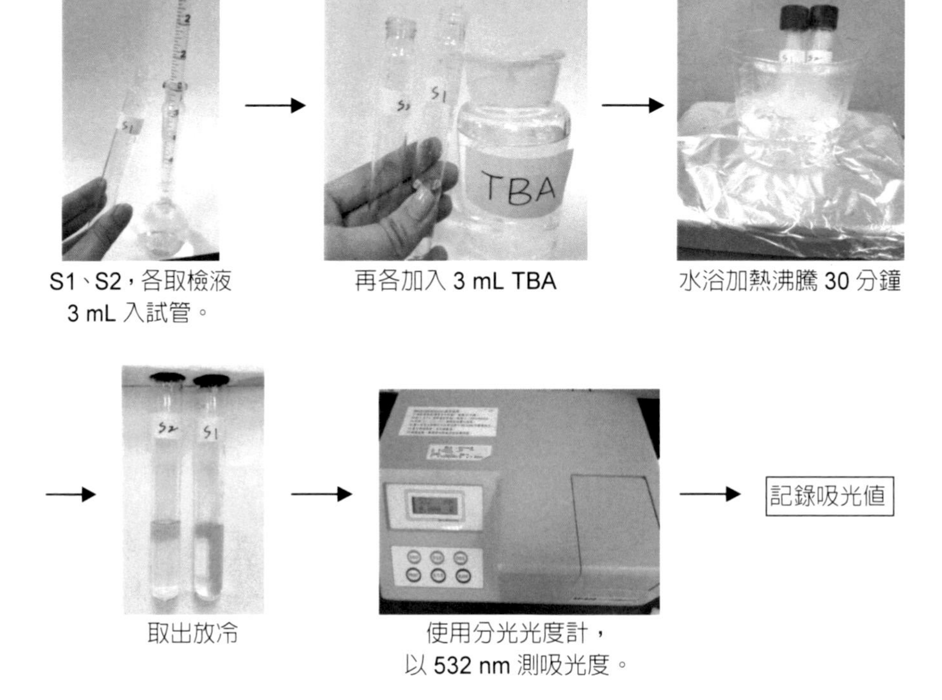

S1、S2，各取檢液 3 mL 入試管。

再各加入 3 mL TBA

水浴加熱沸騰 30 分鐘

取出放冷

使用分光光度計，以 532 nm 測吸光度。

記錄吸光值

三、結果

公式：丙二醛 $^{\mu g}/_{g} = C \times \left(\frac{50}{v}\right) \times \left(\frac{1}{w}\right)$

C：標準曲線求得之含量 μg

V：檢液體積

W：檢體重量

1. 迴歸曲線繪製

依吸光度與相對標準溶液含量如下表繪製迴歸曲線

MDA (μg)	X	0	1.2	2.4	3.6	4.8
OD	y	0.000	0.092	0.168	0.238	0.389

以工程計算機求出迴歸方程式 Y= 0.077X-0.0074

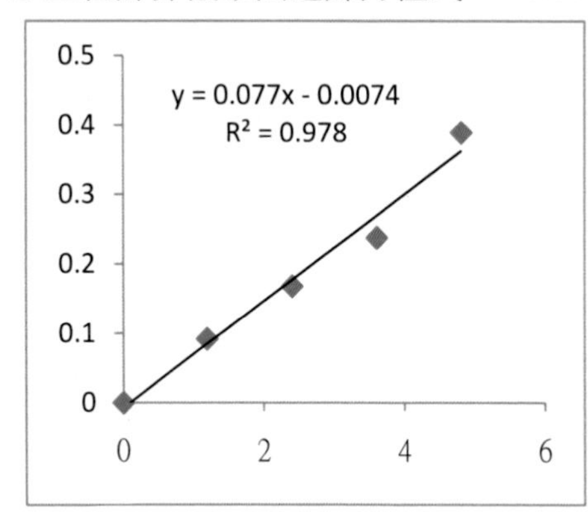

2. 記錄

(1) 樣品重量

w = 10.2368 g

(2) 第一次及第二次檢液之吸光值

$OD_1 = 0.286$　$OD_2 = 0.289$

(3) 測得之吸光值代入迴歸方程式求得 X_1 及 X_2 含量

$$X1 = \frac{(0.286+0.0074)}{0.077} = 3.8104\ \mu g$$

$$X2 = \frac{(0.289+0.0074)}{0.077} = 3.8494\ \mu g$$

(4) 求得 1 克熟鹹鴨蛋蛋黃丙二醛之含量

①公式

丙二醛 $\mu g/g = C \times \left(\frac{50}{v}\right) \times \left(\frac{1}{w}\right)$

C：由迴歸方程式求得之含量（μg）

v：供試檢液體積

w：檢體重量

②實驗數據代入計算公式

第一次檢體丙二醛($\mu g/g$) $= 3.8104 \times \left(\frac{50}{3}\right) \times \left(\frac{1}{10.2368}\right) = 6.2038\ \mu g/g$

第二次檢體丙二醛($\mu g/g$) $= 3.8494 \times \left(\frac{50}{3}\right) \times \left(\frac{1}{10.2368}\right) = 6.2673\ \mu g/g$

③Mean ± SD

Mean=(6.2038＋6.2673)÷2＝6.2356 μg/g

$$SD = \sqrt{\frac{(6.2356-6.2038)^2+(6.2356-6.2673)^2}{2-1}} = 0.05$$

故熟蛋黃含 MDA 為 6.2356 ± 0.05 μg/g

四、實驗藥品

項次	內容	數量
1	鹹鴨蛋熟蛋黃，以 100℃烘箱加熱 2 小時（須事先準備）。	1 個
2	四乙氧基丙烷標準溶液（每毫升含丙二醛 10μg）	50 mL
3	0.1N HCl	200 mL
4	TBA 試劑	50 mL
5	Silicone oil	1～2 mL

五、實驗器材

項次	內容	數量
1	電子天平（靈敏度 0.1mg）	1 台
2	定量瓶 50 mL	7 支
3	加蓋試管 15 mL	15 支
4	燒杯 250 mL（水浴用）	1 個
5	燒杯 50 mL（秤蛋黃用）	1 個
6	電熱板	1 個
7	藥匙	1 支
8	試管架	1 個
9	洗瓶	1 個
10	蒸餾瓶（預備沸石少許）500 mL	1 支
11	冷凝管 30～35 cm	1 支
12	橡皮塞或軟木塞（適合蒸餾時使用）	若干
13	橡皮管	2 條
14	酒精溫度計（150℃）	1 支
15	本生燈或相關加熱設備	1 盞
16	吸量管 2 mL、5 mL、10 mL	1 支、8 支、2 支
17	拭鏡紙	1 盒
18	量筒 100 mL	1 支
19	三角燒瓶 150 mL（收集餾出液）	1 支
20	分光光度計	1 台
21	安全吸球	1 個
22	塑膠手套	1 雙
23	研杵（直徑 10 cm）	1 個
24	丟棄式吸管	3 支

第五章　食品添加物檢測

食品添加物係指為特別目的而添加在食品之化合物，這些物質必須是安全無風險的、除了有一定用量標準外，亦有一定之使用範圍。法定的食品添加物共有十七類，本章僅對使用時常常發生問題的亞硝酸鹽、亞硫酸鹽、對位乙氧苯脲（4-ethoxy phenyl urea）俗稱 Dulcin 及著色劑等之檢測原理及操作加以介紹。

第一節　食品中亞硝酸鹽之定量

亞硝酸鹽可與血紅素或肌紅素作用形成安定的複合物，使肉色可保持原有色澤具保色功用，故稱保色劑。亞硝酸鹽尚具有殺菌功能故為法定食品添加物，但當其遇到二級胺，則產生致癌性高的亞硝胺，故須謹慎使用，NO_2^-在使用上最大問題是超量或超過範圍，突顯檢測之重要性，NO_2^-本身無色，檢測時利用在酸性下亞硝酸鹽與對胺基苯磺酸鹽（呈色劑 I）產生重氮化。重氮化苯磺酸再與萘乙二胺酸鹽溶液（呈色劑 II）偶合呈紫紅色物質，於 540 nm 有吸光之原理，由檢液吸光值大小依迴歸方程式求得檢體亞硝酸鹽含量。茲簡單介紹測定方法如下。

一、步驟

1. 檢液之調製

(1) 精確秤取 10 克經果汁機攪打 1 分鐘之火腿入三角燒瓶。

(2) 三角燒瓶內加入飽和四硼酸鈉溶液 5 毫升及 80℃以上（事先加熱）之蒸餾水 100 毫升，置沸水浴上加熱 15 分鐘。

(3) 放冷至室溫，加入沉澱劑 I 及沉澱劑 II 各 2 毫升，充分混合後，移入 250 毫升定量瓶內，以蒸餾水定容至 250 毫升混勻，靜置 30 分鐘，過濾後取濾液供作檢液。

2. 標準曲線之製成

(1) 精確秤取亞硝酸鈉標準溶液（每 1 毫升含亞硝酸 1 μg）5 毫升、10 毫升、20 毫升、30 毫升及蒸餾水（空白試驗用）與檢液 A、檢液 B 各 10 毫升（含 5～30 μg NO_2^-）分置於 100 毫升定容瓶內，各加水至 60 毫升左右。

(2) 加入呈色劑 I（磺胺之鹽酸溶液）10 毫升及呈色液 III（鹽酸溶液）6 毫升混合均勻，靜置 5 分鐘。

(3) 再加入呈色劑 II（0.1%萘乙二胺酸鹽酸溶液）2 毫升混合均勻，靜置 15 分鐘，最後加蒸餾水定容至 100 毫升，以波長 540 nm 測定其吸光度，由所得之吸光度及相對之標準溶液的含量繪製標準曲線，再由標準曲線求 NO_2^-之含量。

3. 檢液定量

(1) 精確量取檢液 A 及 B，或蒸餾水（空白試驗用）各 10 mL（含 5～30μg NO_2^-）分置於 100 mL 定量瓶內，加水至 60 mL 左右。

(2) 依標準曲線製成之步驟加呈色劑並最後定容至 100 mL，以 540 nm 測吸光度。

(3) 依標準曲線求 NO_2^-含量。

二、圖解

1. 檢液之調製

經果汁機攪打之火腿 ⟶

⟶

精秤 10 g 火腿入三角燒瓶

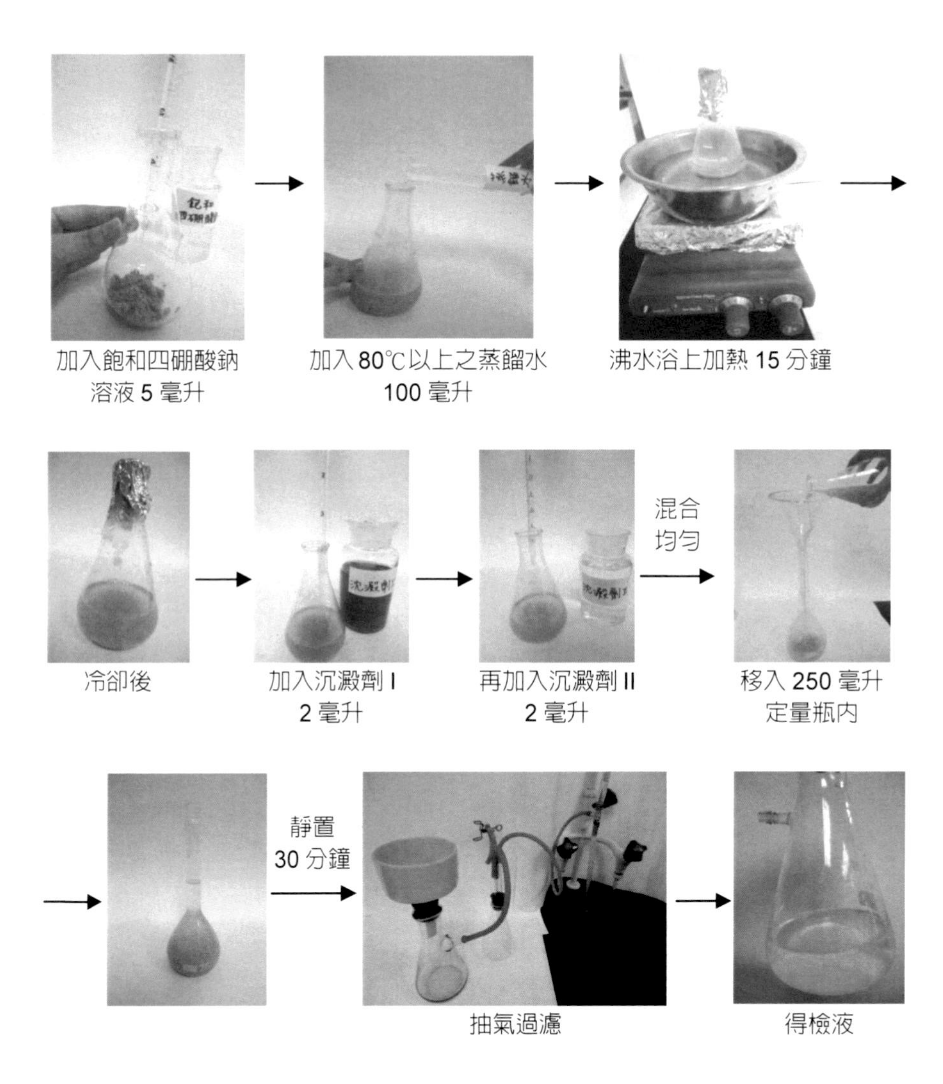

2. 標準曲線之製成與檢液定量

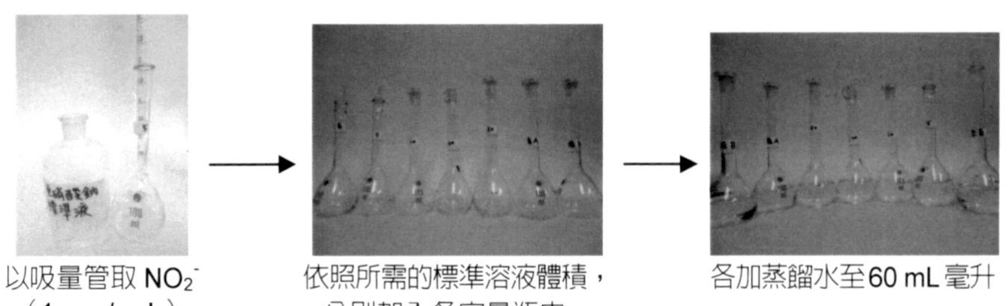

以吸量管取 NO_2^-（1 μg / mL）標準液至定量瓶

依照所需的標準溶液體積，分別加入各定量瓶內。

各加蒸餾水至60 mL毫升

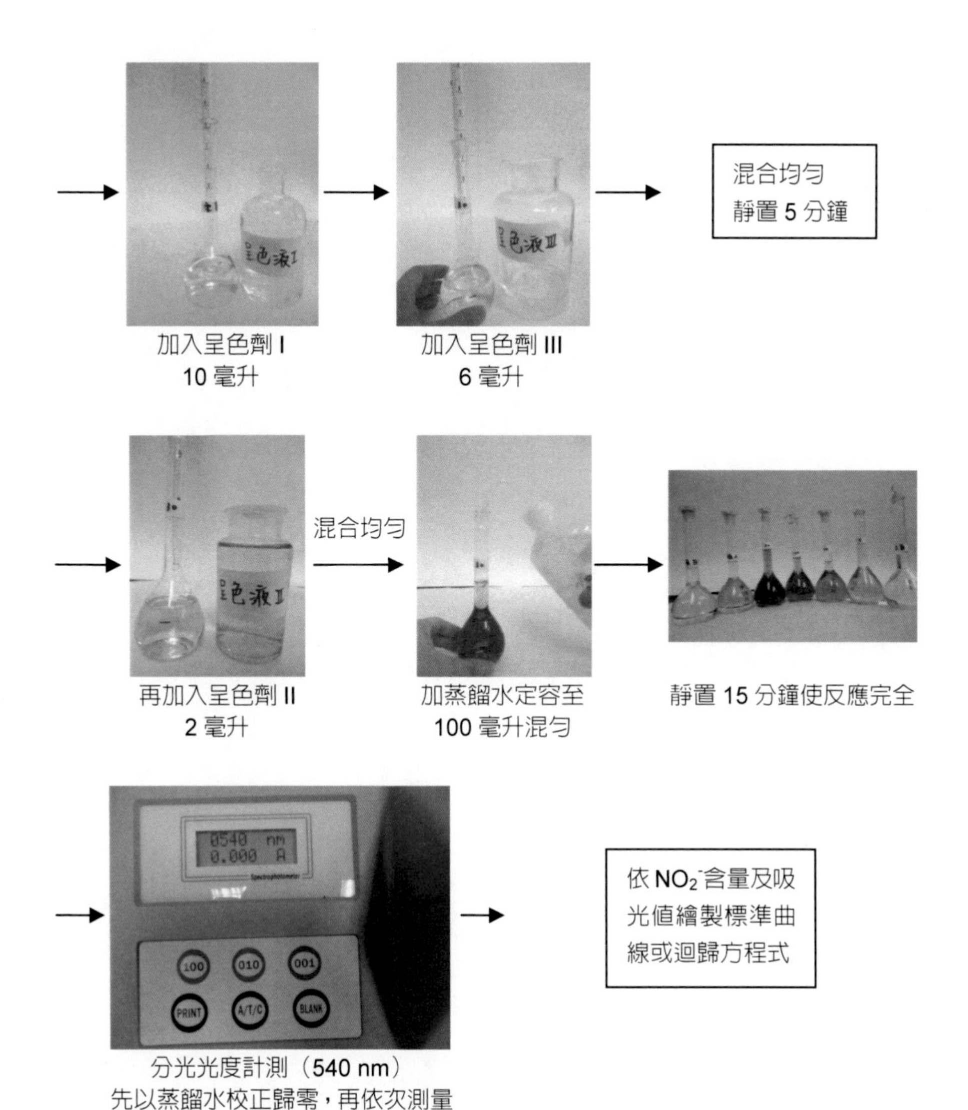

三、結果（如範例）

1. 標準曲線繪製

依吸光值與相對標準溶液含量如下表繪製標準曲線或迴歸方程式

NO_2^- μg	空白	5	10	20	30
吸光值	0	0.049	0.102	0.188	0.286

標準曲線

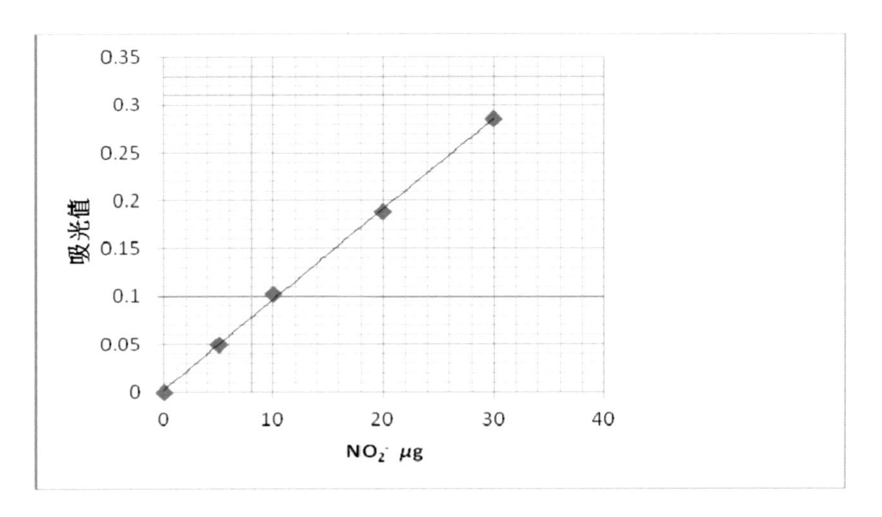

以工程計算機求出迴歸方程式 $y = 9.4483\times10^{-3}x + 2.1724\times10^{-3}$

2. 記錄

(1) 檢體重量

$w = 10.3182$ g

(2) 檢液 A 及檢液 B 之吸光值

$OD_A = 0.201$

$OD_B = 0.208$

3. 測得之吸光值代入迴歸方程式，求得 X_A 及 X_B 含量

$$X_A = \frac{(0.201-2.1724\times10^{-3})}{9.4483\times10^{-3}} = 21.0437\ \mu g$$

$$X_B = \frac{(0.208-2.1724\times10^{-3})}{9.4483\times10^{-3}} = 21.7846\ \mu g$$

4. 換算每克檢體之 NO_2^- 含量

(1) 公式

$$NO_2^- \,(ppm,\ {}^{\mu g}/_{g}) = C \times \left(\frac{250}{v}\right) \times \left(\frac{1}{w}\right)$$

C：標準曲線求得之含量（μg）

v：供試檢液體積

w：檢體重量

(2) 實驗數據代入計算公式

A 液 NO_2^- $(^{\mu g}/_{g})=21.0437\times\left(\frac{250}{10}\right)\times\left(\frac{1}{10.3182}\right)=50.9868\ ^{\mu g}/_{g}$

B 液 NO_2^- $(^{\mu g}/_{g})=21.7846\times\left(\frac{250}{10}\right)\times\left(\frac{1}{10.3182}\right)=52.7820\ ^{\mu g}/_{g}$

四、實驗藥品

項次	內容	數量
1	沉澱劑Ⅰ：亞鐵氰化鉀 106 克溶於水使成 1000 毫升。	10 mL
2	沉澱劑Ⅱ：醋酸鋅 220 克及冰醋酸 30 毫升溶於水使成 1000 毫升。	10 mL
3	飽和四硼酸鈉溶液：四硼酸鈉 50 克溶於 1000 毫升溫水，冷卻至室溫。	10 mL
4	呈色液Ⅰ：磺胺 2 克加水 800 毫升於水浴上加熱溶解後，冷卻過濾，濾液徐徐加入濃鹽酸 100 毫升，時加攪拌，再加水使成 1000 毫升。	80 mL
5	呈色液Ⅱ：萘乙二胺鹽 0.25 克溶於水使成 250 毫升。	20 mL
6	呈色液Ⅲ：濃鹽酸 445 毫升加水使成 1000 毫升。	50 mL
7	亞硝酸鈉標準溶液：每毫升含亞硝酸根(NO_2^-) 1 μg 左右。	80 mL
8	濾紙	1 盒
9	含亞硝酸鹽之火腿絞碎肉製品	30 g
10	檢液 A 及 B	25 mL

五、實驗器材

項次	內容	數量
1	電子天平（靈敏度 0.1 毫克）	1 台
2	光電比色計（註明標準操作程序）或分光光度計	1 台
3	比色管	1 支
4	抽氣過濾（附水流唧筒、布氏漏斗、抽濾瓶）	1 套
5	濾紙（布氏漏斗過濾用）	1 個
6	三角燒瓶（250 mL）	2 個
7	燒杯（500 mL）	1 個
8	量筒（10 mL）	1 支
9	量筒（100 mL）	1 支
10	水浴鍋（250 mL 三角燒瓶內之檢體加熱及熱水保溫用）	1 個
11	吸量管（5 mL）	2 支
12	吸量管（10 mL）	3 支
13	吸量管（25 mL）	1 支

14	安全吸球	1 個
15	丟棄式吸管或滴管	6 支
16	玻棒	1 支
17	定量瓶（250 mL）	1 支
18	定量瓶（100 mL）	7 支
19	棉布手套	1 雙
20	酒精燈（或電熱板）	1 個
21	火柴（或打火機）	1 盒
22	石棉網（如有電熱板則免）	1 個
23	三腳架	1 個
24	稱量紙	適量
25	試藥匙	1 支
26	標籤紙	適量
27	鋁箔紙	1 卷
28	拭鏡紙	1 盒
29	廢液杯（1000 mL）	1 個
30	面紙	1 盒
31	漏斗（直徑 9 公分）	1 個

第二節　食品中亞硫酸鹽之定量

亞硫酸鹽為還原型漂白劑，在食品加工過程如果添加，具有抑制微生物生長及產品色澤變化之功用，但如果過量添加會影響呼吸系統，特別是氣喘病人，因此須適量添加，其殘留量不得超過各類食品之標準。一般檢測之方法係利用亞硫酸鹽在酸性條件下加熱會分解產生 SO_2，由氮氣帶出，經 H_2O_2 吸收氧化後形成 H_2SO_4，再以 NaOH 滴定，由 NaOH 之消耗量，可換算為 SO_2 之含量。

（因 1N NaOH = 1/2 N H_2SO_4 = 1/2 N SO_2 故可以互換）

其反應方程式如下：

$SO_3^{2-} + 2H^+ \longrightarrow SO_2 + H_2O$

$H_2O_2 + SO_2 \longrightarrow H_2SO_4$

$H_2SO_4 + 2NaOH \longrightarrow Na_2SO_4 + 2H_2O$

1N NaOH = 1/2 N H_2SO_4 = 1/2 SO_2

茲將食品中亞硫酸鹽簡易定量方法敘述於次。

一、步驟

1. 於梨形瓶中放入 0.3% H_2O_2 10 毫升，加入混合指示劑三滴（溶液變成紫色），再加入適量之 0.01N NaOH 溶液，至溶液呈橄欖綠色，作為接收液。
2. 精確秤取適量試樣（0.5～1.0 g），置入圓底燒瓶內，並加入蒸餾水 20 毫升、乙醇 2 毫升、silicon oil 2 滴及 25%磷酸溶液 10 毫升。
3. 調整氮氣流速（0.1～0.2 公升／分鐘）並以微細火焰加熱進行水蒸氣蒸餾，將二氧化硫收集於接收液中（接收液變色後繼續蒸餾 10 分鐘）。
4. 接收液以已知力價之 0.01N NaOH 溶液滴至溶液呈橄欖綠。
5. 另以蒸餾水取代檢體，同法作空白試驗（沸騰後 5 分鐘）。
6. 計算檢體中二氧化硫之含量（0.01N NaOH 1 mL = 0.32 mg 二氧化硫）。

二、圖解

1. 架設器材

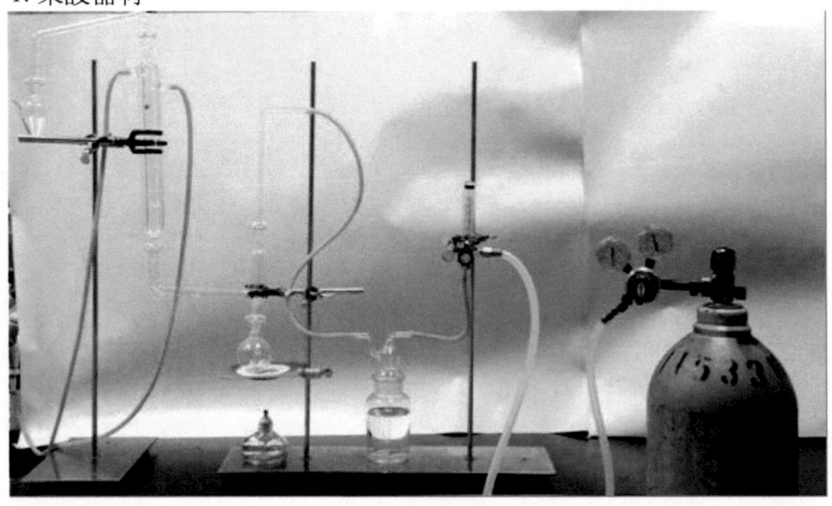

2. 梨形瓶的準備

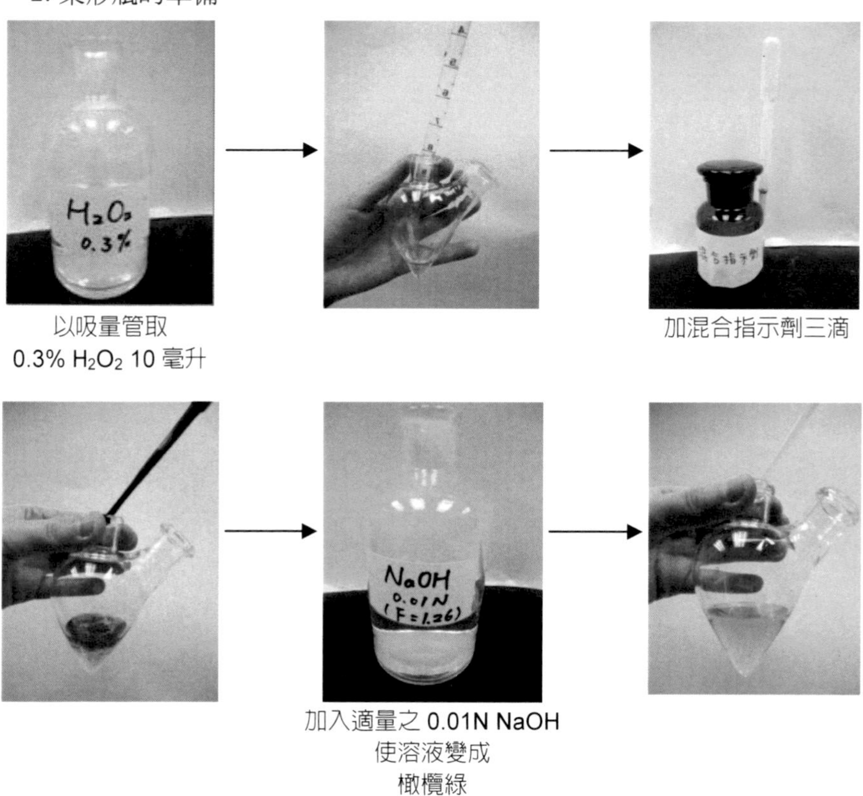

以吸量管取
0.3% H_2O_2 10 毫升

加混合指示劑三滴

加入適量之 0.01N NaOH
使溶液變成
橄欖綠

3. 圓底燒瓶的裝備（空白組不加金針）

精確秤取適量試樣

金針細切後入圓底
燒瓶

加入蒸餾水 20 毫升

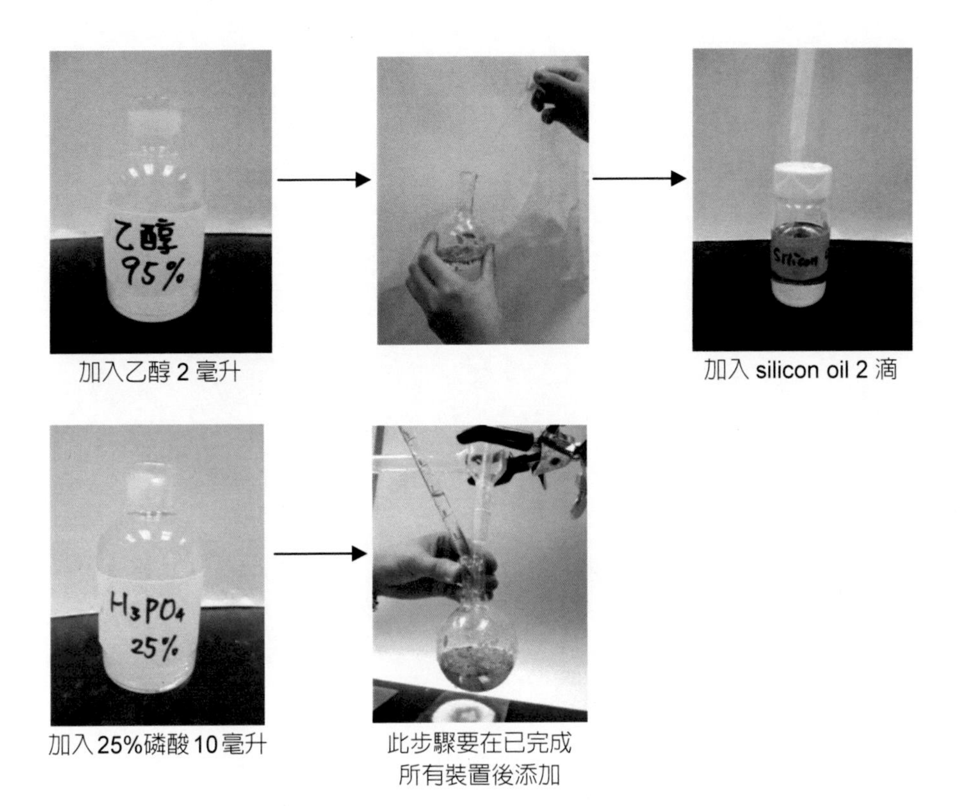

加入乙醇 2 毫升

加入 silicon oil 2 滴

加入 25%磷酸 10 毫升

此步驟要在已完成
所有裝置後添加

4. 蒸餾前裝備

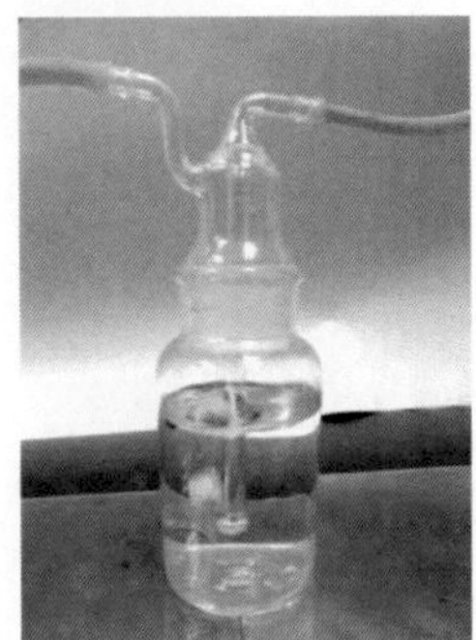

開啓氮氣，使緩衝瓶之蒸餾水產生氣泡
（注意氮氣須入蒸餾水液面）。

蒸餾時，火不宜太大
（用酒精燈或本生燈就可）。

5. 蒸餾開始

(1) 空白試驗先蒸餾

(2) 試驗組再蒸餾

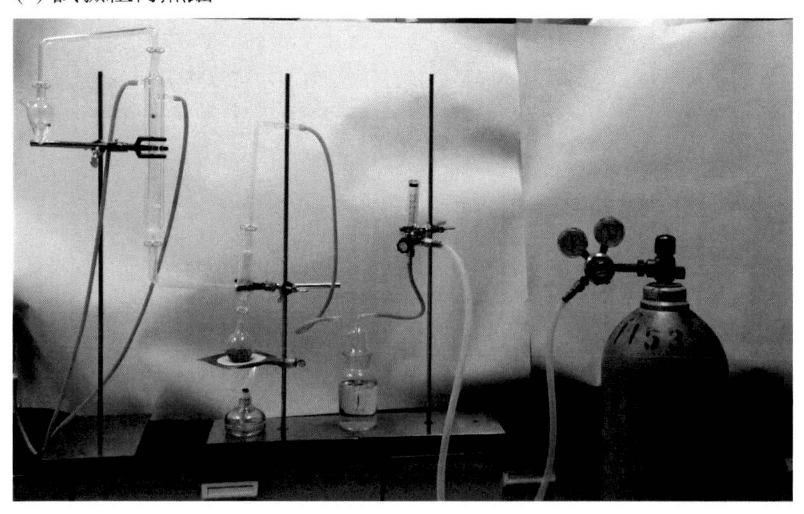

將整組二氧化硫器材組裝完成，小心取下梨形瓶，裝好接受液後架上並接好，再將樣品細切入圓底燒瓶，加入 Silicon 及乙醇各 2 滴接上圓底燒瓶，再由圓底燒瓶上方快速加入 25%磷酸 10mL，打開氮氣，調整流速約

（0.1～0.2 L/min）開熱源，即可開始蒸餾，此時接受液為橄欖綠色，空白試驗組沸騰後 5 分鐘，樣品試驗組可在 SO_2 餾出，H_2O_2 變色後 10 分鐘終止蒸餾。

6. 蒸餾過程梨形瓶之顏色變化

橄欖綠　橄欖綠偏紅　紫紅色（變色後再蒸餾 10 分鐘）

以蒸餾水將殘留在梨形瓶接口處之液體清洗至梨形瓶中

7. 滴定

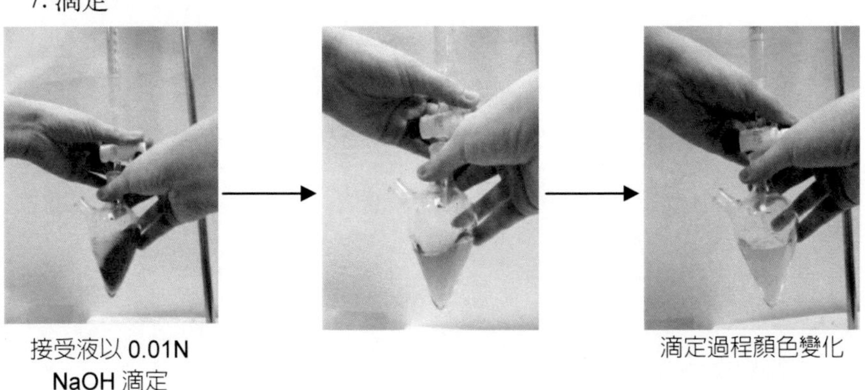

接受液以 0.01N NaOH 滴定　滴定過程顏色變化

滴定終點，並記錄滴定數，其體積為 a mL。

空白試驗無變色，故未滴定，其 0.01N NaOH 使用量為 b mL。

三、結果

1. 公式

   SO_2 (μg/g) = 0.01 ×1.001 × (11-0) × 32

   a：檢液 0.01N NaOH 消耗量

   b：空白組 0.01N NaOH 消耗量

   F：NaOH 力價（1.001）

   w：樣品重量

2. 記錄

   (1) 檢體重量

   w= 0.8736 g

   (2) 0.01N NaOH 消耗量

   檢液= 11 mL

   空白組= 0 mL

3. 實驗數據代入計算公式

   SO_2 (μg/g)= 0.01 × 1.001 × (11-0) × 32 × (1000/0.8736) = 4033.33 μg/g = 4033 ppm

4. 例題

茲有金針 1.0001 g 利用鹼滴定法定量 SO_2 含量，假設空白試驗 0.01 N NaOH（NaOH 力價為 1.001）用掉 0.5 mL，試樣溶液用掉 12.5 mL，則 SO_2 之含量為 3843.46 μg/g。

計算公式：SO_2 (μg/g) = 0.01 × F × (a-b) × 32 × 1000/w /樣品重量（g）

一毫克當量 NaOH 相當於 SO_2 一毫克當量，然一毫克當量之 SO_2 = 64/2 = 32 毫克

SO_2 (μg/g) = 0.01 × 1.001 × (12.5-0.5) × 32 × 1000/1.0001 (g)

= 3843.46 μg/g

四、實驗藥品

項次	內容	數量
1	乾燥金針	10 g
2	乙醇（95%）	140 mL
3	H_3PO_4（25%）	20 mL
4	H_2O_2（0.3%）	20 mL
5	NaOH（0.01N，已知力價）	50 mL
6	Silicon oil	1 mL
7	混合指示劑：以 0.2 克甲基紅與 0.1 克亞甲藍溶於 100 毫升 95%乙醇中。	10 mL
8	氮氣	1 筒

五、實驗器材

項次	內容	數量
1	剪刀	1 支
2	圓底燒瓶（100 mL）及其瓶墊	1 個
3	梨形燒瓶（50 mL）及其瓶墊	1 個
4	二氧化硫蒸餾裝置	1 組
5	本生燈（或加熱板）	1 盞
6	石棉網（三腳架，如加熱板則免）	1 個
7	氣體流量計（0.1～0.2 公升／分）	1 個
8	氣體緩衝瓶	1 個
9	電子天平（共用，靈敏度 0.1 mg）	1 台
10	量筒（50 mL）	1 支
11	吸量管（10 mL）	1 支

12	滴定管（50 mL）及管架	1 組
13	滴管	1 支
14	漏斗（直徑 5 cm）	1 個
15	洗滌瓶	1 個
16	秤量紙	10 張
17	燒杯（100 mL）	1 個
18	棉布手套	1 雙
19	打火機（或火柴）	1 個
20	藥匙	1 支
21	安全吸球	1 個
22	丟棄式吸管（或滴管）	2 支

第三節　食品中人工甘味劑之鑑別試驗

人工甘味劑之甜度為一般天然甜味料之 100～300 倍，只要極少量就可達到提升食品之甘甜味之效果，可減少糖之用量，因而對於喜歡甜食又怕體重過重之消費者為一福音。對位乙氧苯脲（4-ethoxy phenyl urea）俗稱 Dulcin 為非法定人工甘味劑，可利用薄層層析、紫外線（254 nm）及呈色反應予以判定。其主要原理如下：

以溶劑萃取食品中之人工甘味劑，利用不同人工甘味劑對薄層上的吸附劑的吸附力不同及展開溶媒的溶解力不同達到分離效果。254 nm 之紫外線篩檢 Dulcin 之黑色斑點反應，並進一步以發色液對-2 甲胺基苯甲醛與之進行呈色反應。如產生黃色則可確認所含之人工甘味劑為 Dulcin，茲將其簡易試驗說明於下。

一、步驟

1. 樣品前處理

(1) 取果汁樣品約 50 毫升加 5 克活性碳使脫色後過濾之，取濾液 25 mL 置於分液漏斗中，加 10%鹽酸溶液使呈酸性。

(2) 加氯化鈉至飽和。

(3) 以每次 25 毫升之醋酸乙酯萃取三次，合併萃取液。

(4) 續以每次 5 毫升之氯化鈉飽和溶液洗滌萃取液二次後，再加無水硫酸鈉脫水。

(5) 以真空濃縮機濃縮至乾，其殘渣加氨性乙醇溶液 1 毫升溶解，供作檢液。

2. 供試檢液之鑑別（由現場提供）

(1) 於距薄層層析片底端約 3 公分處，作上適當標誌。

(2) 在標誌線上每隔 2 公分處以毛細管依次分別點上直徑約 0.3 公分圓點之 A、B、C 等三種檢液及對位乙氧苯脲標準溶液。

(3) 風乾後置入盛有展開溶媒【正丁醇／25%濃氨水＝4/1(V/V)】之展開槽內，將薄層層析片放入展開槽，使展開溶媒浸沒薄層層析片下端約 1 公分處，然後密閉之。

(4) 待展開溶媒浸潤上升至適當高度，取出風乾。

(5) 以紫外燈在波長 254 nm 檢視，標記出呈現灰黑色之紫外線吸收斑點。

(6) 以檢液上升斑點之位置（Rf 值，ratio of flow）及顏色與標準溶液比較鑑別之。

(7) 再以發色液（對-2-甲胺基苯甲醛）噴霧使呈色，若標記之部分呈現黃色斑點時，即可確認含有對位乙氧苯脲。

(8) 求各斑點之 Rf 值。

二、圖解

1. 樣品前處理

取果汁樣品約 50 毫升　→　加 5 克活性碳使脫色　→　以布氏漏斗過濾

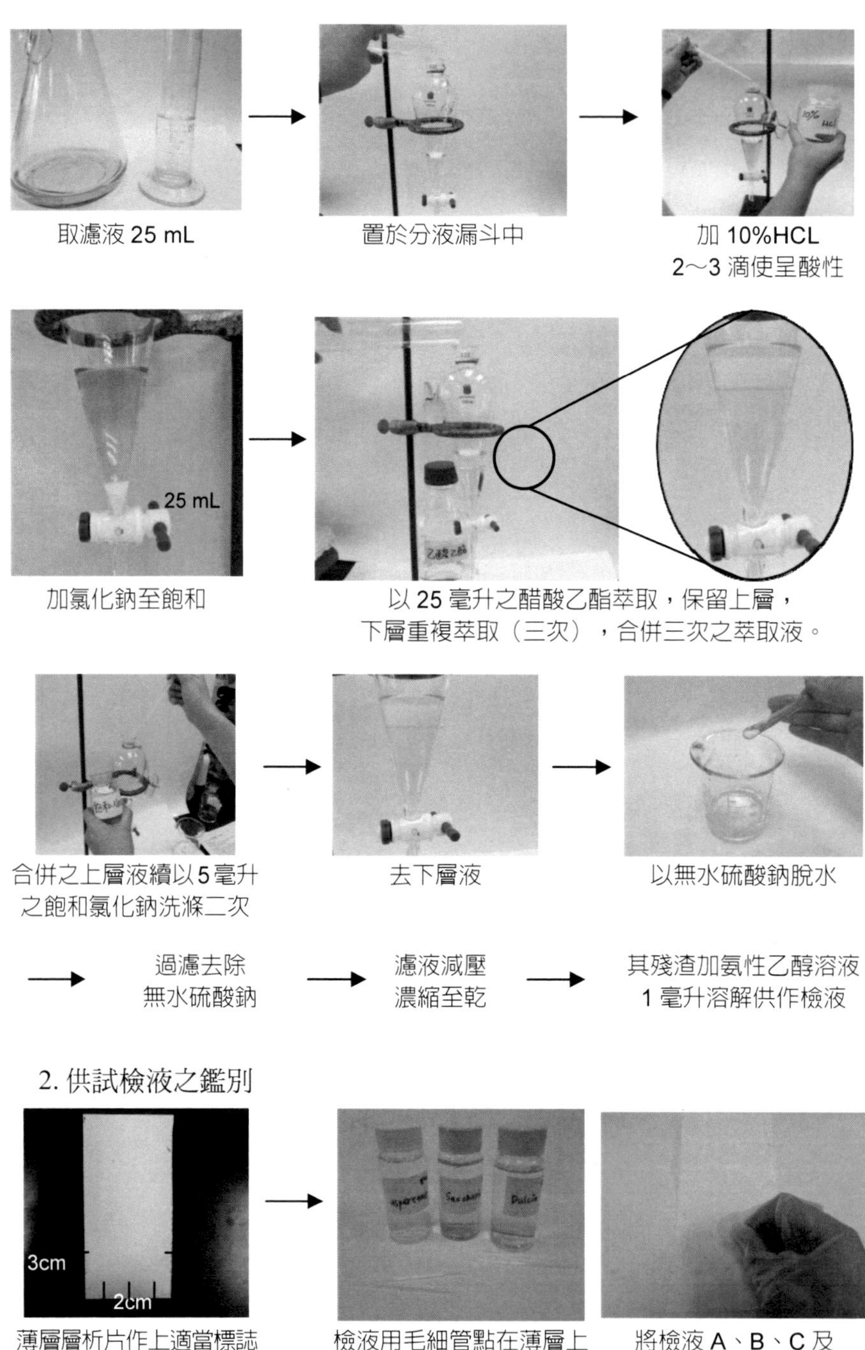

取濾液 25 mL → 置於分液漏斗中 → 加 10%HCL 2～3 滴使呈酸性

加氯化鈉至飽和 → 以 25 毫升之醋酸乙酯萃取，保留上層，下層重複萃取（三次），合併三次之萃取液。

合併之上層液續以 5 毫升之飽和氯化鈉洗滌二次 → 去下層液 → 以無水硫酸鈉脫水

→ 過濾去除無水硫酸鈉 → 濾液減壓濃縮至乾 → 其殘渣加氨性乙醇溶液 1 毫升溶解供作檢液

2. 供試檢液之鑑別

薄層層析片作上適當標誌 → 檢液用毛細管點在薄層上

將檢液 A、B、C 及 Dulcin 分別點在標記處（直徑約 0.3 公分圓點）

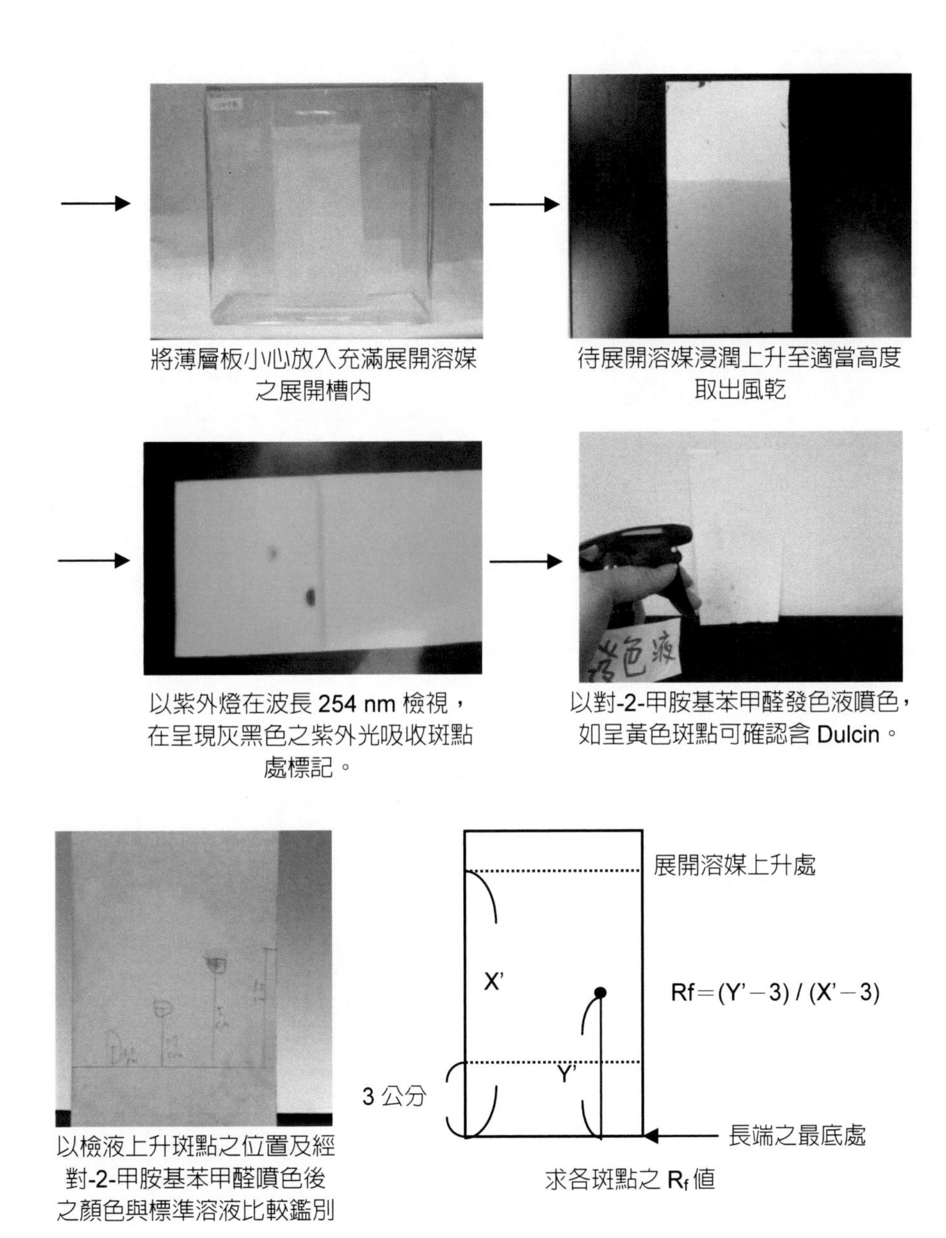

將薄層板小心放入充滿展開溶媒之展開槽內

待展開溶媒浸潤上升至適當高度取出風乾

以紫外燈在波長 254 nm 檢視，在呈現灰黑色之紫外光吸收斑點處標記。

以對-2-甲胺基苯甲醛發色液噴色，如呈黃色斑點可確認含 Dulcin。

以檢液上升斑點之位置及經對-2-甲胺基苯甲醛噴色後之顏色與標準溶液比較鑑別

求各斑點之 R_f 值

三、結果

各斑點之 R_f 值（溶質展開高度／溶媒展開高度（5.5 cm））

展開溶媒高度可由樣品標記處算起或可由長端之最低端算起

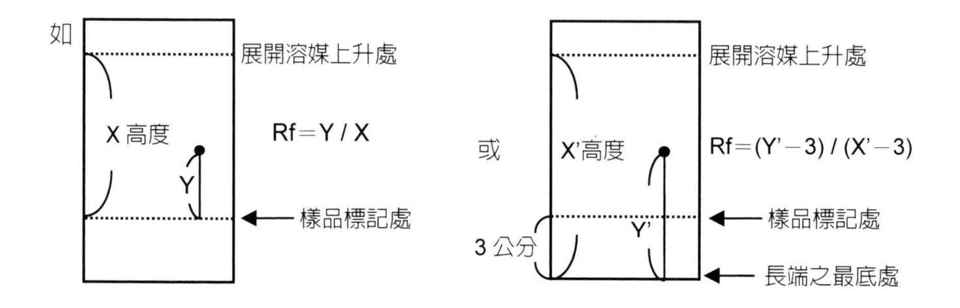

假設展開溶媒由斑點註記處算起，上升 5.5 cm

Aspartame　由樣品標記處算起上升 1 cm　　Rf= 1/5.5 = 0.1818

saccharin　由樣品標記處算起上升 2.7 cm　　Rf= 2.7/5.5 = 0.4909

Dulcin　由樣品標記處算起上升 5 cm　　Rf= 5/5.5 = 0.9090

四、實驗藥品

項次	內容	數量
1	活性碳	5 g
2	10%鹽酸溶液（試藥一級）	5 mL
3	氯化鈉（試藥一級）	20 g
4	乙酸乙酯（試藥一級）	200 mL
5	無水硫酸鈉（試藥一級）	1 瓶
6	對位乙氧苯脲標準溶液（0.4%）：20 mg 溶於 5 mL 之乙醇中。	10 mL
7	展開溶媒：正丁醇／25%濃氨水＝4/1 (V/V)。	500 mL
8	發色液：取 1 克對-2 甲胺基苯甲醛，以 1N 鹽酸溶液定容至 100 毫升。	20 mL
9	果汁樣品	100 mL
10	飽和食鹽水	20 mL
11	供試檢液：配製 A、B、C 等三種檢液，每種 10 mL。	10×3 mL

五、實驗器材

項次	內容	數量
1	電子天平（共用，靈敏度 0.1mg）	1 台
2	紫外燈照明設備（含 254 nm 波長）附觀察暗箱	1 支
3	玻璃漏斗（直徑 5-7 公分）	1 個
4	薄層層析片：10×20 cm (silica-gel)。	1 片
5	鉛筆	1 支

6	尺（30 cm）	1 支
7	吹風機（共用）	1 支
8	玻璃展開槽：約 22 × 8 × 22 公分（長、寬、高；含蓋）。	1 組
9	噴霧器	1 組
10	分液漏斗及架子（200 mL）	1 組
11	布氏漏斗抽氣過濾	1 組
12	圓形濾紙（適合布氏漏斗用）No 4	5 張
13	毛細管	6 支
14	石蕊試紙	1 盒
15	酒精燈	1 盞
16	燒杯 100 mL	1 個
17	燒瓶 250 mL	1 個
18	量筒 100 mL	1 支
19	玻棒	1 支
20	橡膠手套	1 雙
21	打火機或火柴	1 個
22	藥匙	1 支
23	丟棄式滴管或吸管	2 支
24	抽氣過濾裝置	1 組
25	保鮮膜	1 卷
26	燒杯（250 mL）	2 個

第四節　酸性色素之分離與鑑別

著色劑可增進色彩，除少數天然著色劑外，大部分來自媒塔產物之衍生物，食品用的著色劑須具風險性低、安全性高、安定性佳及使用方便之特性，現在的食用色素（food color），包括有食用煤塔（或稱煤焦）色素、鋁麗基、葉綠素系統色素、胡蘿蔔素系統色素及其他。常用的法定煤塔色素如藍色 1 號、藍色 2 號、綠色 3 號、黃色 4 號、黃色 5 號、紅色 6 號、紅色 7 號、紅色 40 號等八種均為酸性色素，市售產品顏色五花八門，是否合法可將其所添加之著色劑，利用毛線染色及濾紙層析法加以鑑別，其原理如下：

毛線染色法利用在酸性條件下，毛線帶正電，而酸性色素其官能基-COOH，不帶電荷可被羊毛吸附，非酸性色素在酸性條件下，其官能基為$-NH_3^{+1}$，因電荷相斥，故不被毛線吸附，因此在酸性條件下，毛線可以染上的色素為酸性色素。

層析法係利用溶質在固定相及移動相中受到吸附劑及溶劑之不同作用力而達到彼此分離之方法。茲簡單敘述於下。

一、步驟

1. 濾紙層析法
   (1) 於層析用濾紙下端畫一直線並做上標誌。
   (2) 將四種檢液（A_1～A_4）及四種食用色素標準液，分別點於標誌上。
   (3) 將展開溶媒倒入展開槽，並將濾紙置入展開槽使展開溶媒浸潤濾紙下端。
   (4) 待溶媒上升至適當高度時，取出風乾。
   (5) 依展開結果分別計算出其 R_f 值，並鑑別檢液中所含色素。
2. 毛線染色法
   (1) 依檢液顏色深淺程度，將二種檢液（B_1 及 B_2）5～20 毫升分別倒入 100 mL 燒杯中，並以 1N 醋酸溶液 1～2 mL 調整為酸性。
   (2) 投入毛線攪拌後置於水浴上加熱 30 分鐘。
   (3) 取出已著色之毛線，用水充分沖洗後，將其移入另一燒杯中，並加 1%氨水 5 毫升，於水浴上加熱使色素溶出，去除毛線，加入 10%醋酸使呈酸性，再投入新毛線。
   (4) 攪拌，置於水浴加熱 30 分鐘，觀察毛線著色情形並判斷其色素酸鹼性。

二、圖解

1. 濾紙層析法

(1) 展開溶媒倒入展開槽

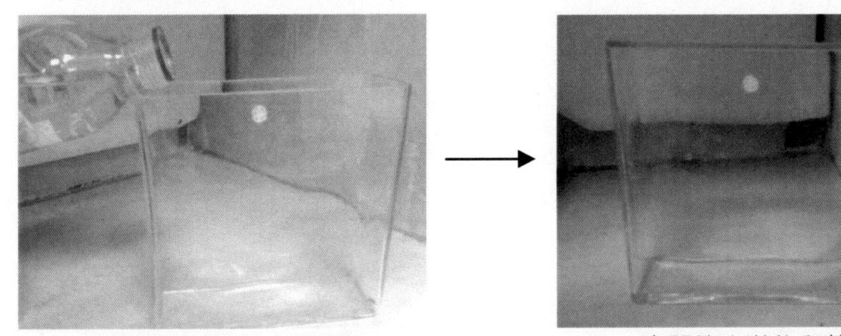

將展開溶媒倒入展開槽　　密閉使充滿飽和蒸氣

(2) 濾紙點上色素液

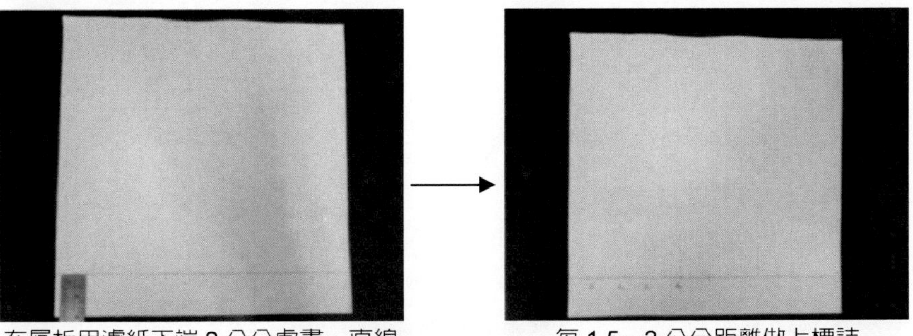

在層析用濾紙下端 2 公分處畫一直線　　每 1.5～2 公分距離做上標誌

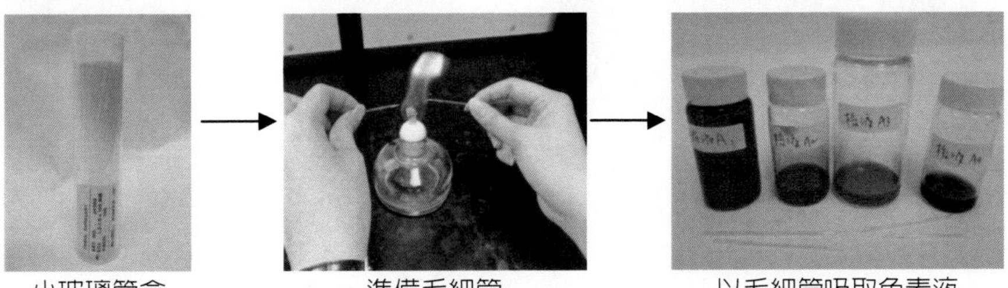

小玻璃管盒　　準備毛細管　　以毛細管吸取色素液

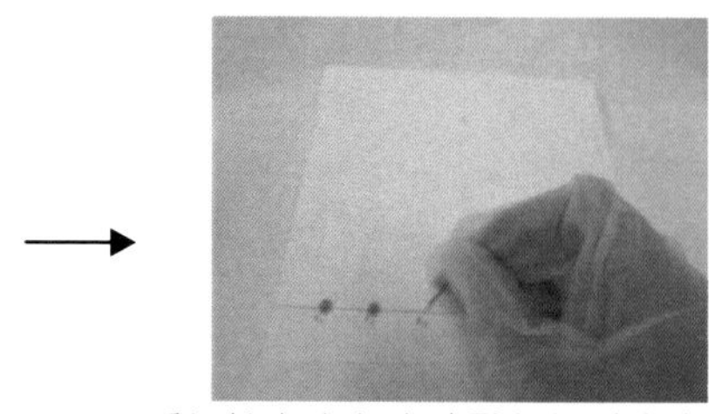

毛細管上之色素液點於標誌上(不可太大點，點後立即以吹風機吹乾)

(3) 展開

(1) 將點上色素液之濾紙懸掛在展開槽
(2) 溶媒浸潤濾紙下端約 1 公分處，密閉之。

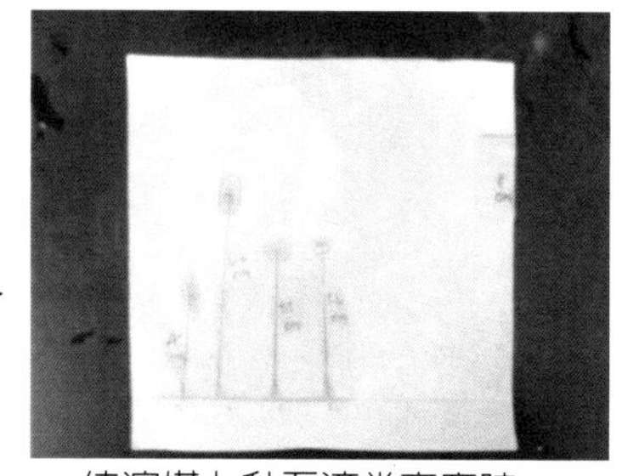

待溶媒上升至適當高度時，取出風乾。

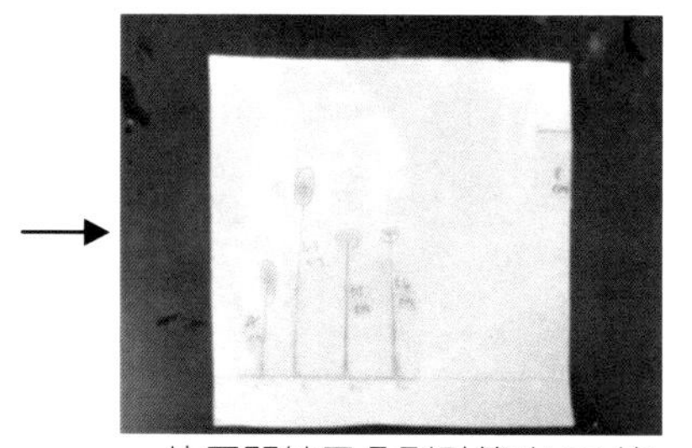

依展開結果分別計算出 Rf 值(溶質展開高度／溶媒展開高度)

鑑別檢液中所含色素種類

2. 毛線染色法

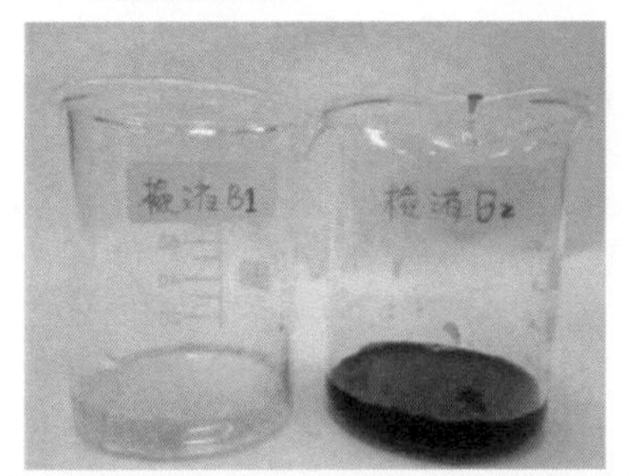

檢液 B1 及 B2 依檢液顏色深淺程度取
5～20 毫升分別倒入 100 mL 燒杯中

→

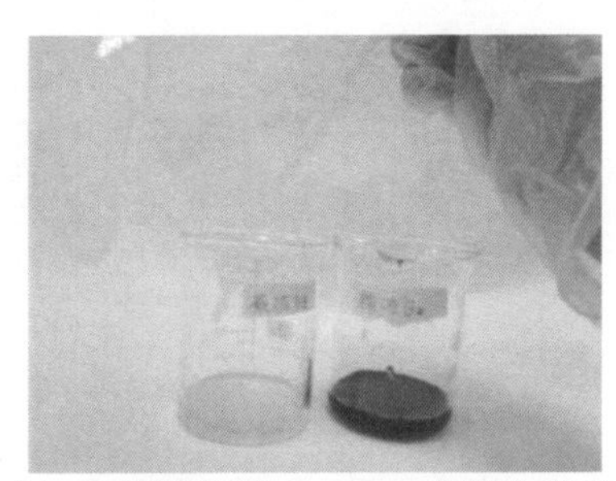

以 1N 醋酸溶液 1～2 mL 調整為酸性
（以石蕊試紙測試之）

→

投入毛線後攪拌

→

置於水浴上加熱 30 分鐘

→

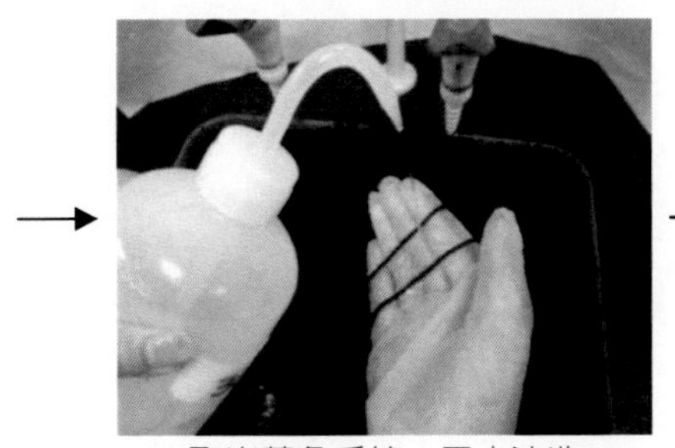

取出著色毛線，用水沖洗

→

將其移入另一燒杯中
並加 1%氨水 5 毫升

→

於水浴上加熱使色素
溶出

→

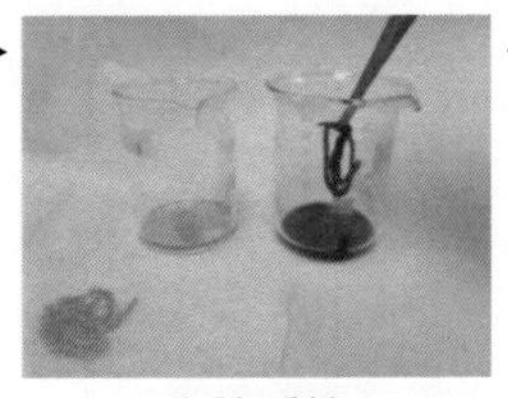

去除毛線

→

加入10%醋酸使呈酸性

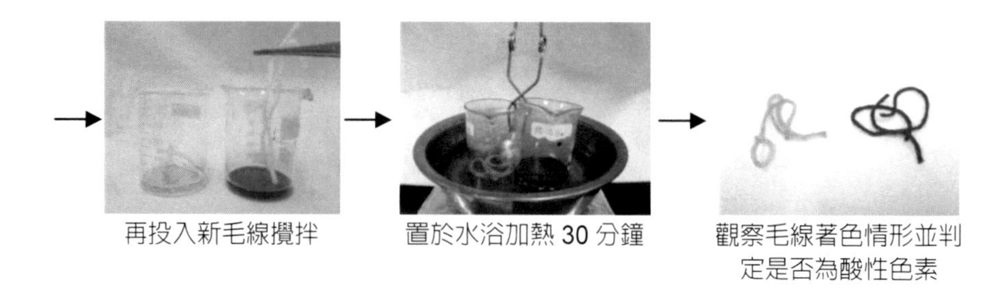

→ 再投入新毛線攪拌 → 置於水浴加熱 30 分鐘 → 觀察毛線著色情形並判定是否為酸性色素

三、結果

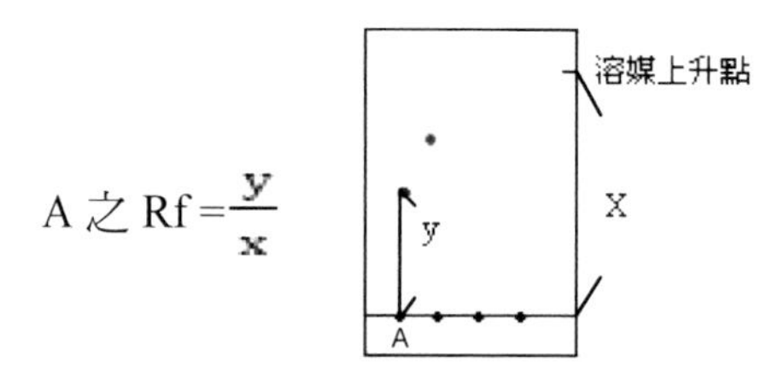

Rf 計算（溶質展開高度／溶媒展開高度（8 cm）

(一) 食用色素標準液 I　展開高度 4 cm　　Rf= 4/8 = 0.50

II　展開高度 6.3 cm　　Rf= 6.3/8 = 0.79

III　展開高度 5.5 cm　　Rf= 5.5/8 = 0.69

IV　展開高度 5.6 cm　　Rf= 5.6/8 = 0.70

(二) 檢液 A1～A4 此四種檢液均為混合色素液，可依其個別之 Rf 值，並比對標準色素液之 Rf 值及顏色，判斷其色素種類。

(三) 檢液 B1 經毛線染色後，毛線呈 <u>黃</u> 色，判定為 <u>酸</u> 性色素。

檢液 B2 經毛線染色後，毛線呈 <u>藍</u> 色，判定為 <u>酸</u> 性色素。

四、實驗藥品

項次	內容	數量
1	醋酸（1N）	100 mL
2	醋酸（10%）	100 mL
3	氨水（1%）	100 mL
4	展開溶媒（丙酮：異戊醇：水＝6：5：5）	100mL
5	食用色素標準液 I	1 mL
6	食用色素標準液 II	1 mL
7	食用色素標準液 III	1 mL

8	食用色素標準液IV	1 mL
9	檢液 A1～A4（將上述四種色素任取兩種混合）	各 1 mL
10	檢液 B1～B2（將上述四種色素任取兩種混合）	各 30 mL
11	脫脂毛線	1 g
12	層析用濾紙（10×20 公分）	1 張
13	石蕊試紙（藍色）	1 盒

五、實驗器材

項次	內容	數量
1	展開槽（約 22×8×22 公分，含蓋）	1 個
2	水浴鍋（直徑 13～15 公分）	1 個
3	量筒（100 mL）	1 支
4	量筒（10 mL）	1 支
5	燒杯（100 mL）	4 個
6	毛細管或微量吸管	8 支
7	吹風機	1 支
8	膠帶（或長尾夾二支，夾濾紙用）	1 卷
9	棉線	適量
10	鐵架（含鐵環）	1 組
11	試管夾	1 個
12	剪刀	1 支
13	鑷子	1 支
14	玻棒	1 支
15	本生燈或酒精燈	1 個
16	火柴或打火機	1 個
17	橡膠手套	1 雙

實踐大學數位出版合作系列
科普新知類　PB0022

食品分析實驗操作指引

編 著 者 / 劉麗雲
統籌策劃 / 葉立誠
文字編輯 / 王雯珊
封面設計 / 王嵩賀
執行編輯 / 蔡曉雯
圖文排版 / 王思敏

發 行 人 / 宋政坤
法律顧問 / 毛國樑　律師
出版發行 / 秀威資訊科技股份有限公司
114 台北市內湖區瑞光路 76 巷 65 號 1 樓
電話：+886-2-2796-3638　傳真：+886-2-2796-1377
http://www.showwe.com.tw
劃撥帳號 / 19563868　戶名：秀威資訊科技股份有限公司
讀者服務信箱：service@showwe.com.tw
展售門市 / 國家書店（松江門市）
104 台北市中山區松江路 209 號 1 樓
電話：+886-2-2518-0207　傳真：+886-2-2518-0778
網路訂購 / 秀威網路書店：http://www.bodbooks.com.tw
國家網路書店：http://www.govbooks.com.tw

2013 年 7 月 BOD 一版
定價：480 元

國家圖書館出版品預行編目

食品分析實驗操作指引 / 劉麗雲編著. -- 一版. -- 臺北市:
秀威資訊科技, 2013.07
面； 公分. -- (實踐大學 ; PB0022)
BOD 版
ISBN 978-986-326-124-7 (平裝)

1. 食品分析 2. 食品檢驗 3. 實驗

341.91 102010017

讀者回函卡

感謝您購買本書，為提升服務品質，請填妥以下資料，將讀者回函卡直接寄回或傳真本公司，收到您的寶貴意見後，我們會收藏記錄及檢討，謝謝！

如您需要了解本公司最新出版書目、購書優惠或企劃活動，歡迎您上網查詢或下載相關資料：http:// www.showwe.com.tw

您購買的書名：________________________________

出生日期：________年________月________日

學歷：□高中（含）以下　□大專　□研究所（含）以上

職業：□製造業　□金融業　□資訊業　□軍警　□傳播業　□自由業

□服務業　□公務員　□教職　□學生　□家管　□其它____

購書地點：□網路書店　□實體書店　□書展　□郵購　□贈閱　□其他

您從何得知本書的消息？

□網路書店　□實體書店　□網路搜尋　□電子報　□書訊　□雜誌

□傳播媒體　□親友推薦　□網站推薦　□部落格　□其他________

您對本書的評價：（請填代號　1.非常滿意　2.滿意　3.尚可　4.再改進）

封面設計____　版面編排____　內容____　文／譯筆____　價格____

讀完書後您覺得：

□很有收穫　□有收穫　□收穫不多　□沒收穫

對我們的建議：________________________________

____

____

____

請貼
郵票

11466
台北市內湖區瑞光路 76 巷 65 號 1 樓
秀威資訊科技股份有限公司 收
BOD 數位出版事業部

（請沿線對折寄回，謝謝！）

姓　名：__________ 年齡：_____ 性別：□女 □男

郵遞區號：□□□□□

地　址：____________________

聯絡電話：(日) __________ (夜) __________

E-mail：____________________